走进神奇的

催化世界

上官文峰◎著

CATALYTIC
WORLD

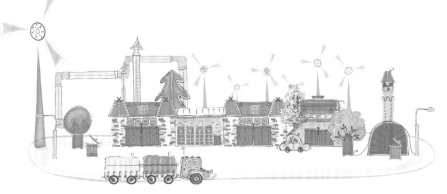

上海交通大学出版社
SHANGHAI JIAO TONG UNIVERSITY PRESS

内容提要

本书用通俗的语言图文并茂地介绍了催化的概念和作用、我们日常生活中的有趣催化现象，以及催化技术的发展进程，着重介绍了催化在环境保护与资源利用、民生与健康、新能源开发与"双碳"战略中的技术应用和未来前景。内容丰富，案例生动，插图精美，深入浅出。本书可供广大青少年及科普爱好者阅读。

图书在版编目(CIP)数据

走进神奇的催化世界/上官文峰著. —上海:上海交通大学出版社,2023.5

ISBN 978－7－313－28475－4

Ⅰ.①走… Ⅱ.①上… Ⅲ.①能源－催化 Ⅳ.①TK01

中国国家版本馆 CIP 数据核字(2023)第 052412 号

走进神奇的催化世界

ZOU JIN SHENQI DE CUIHUA SHIJIE

著　　者：上官文峰

出版发行：上海交通大学出版社　　　　地　　址：上海市番禺路 951 号

邮政编码：200030　　　　　　　　　　电　　话：021－64071208

印　　制：上海新艺印刷有限公司　　　经　　销：全国新华书店

开　　本：880mm×1230mm　1/32　　印　　张：5.25

字　　数：113 千字

版　　次：2023 年 5 月第 1 版　　　　　印　　次：2023 年 5 月第 1 次印刷

书　　号：ISBN 978－7－313－28475－4

定　　价：49.00 元

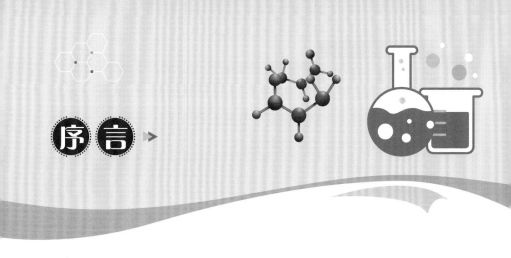

序言 ▶

　　自从 1836 年瑞典科学家贝尔塞柳斯提出催化概念以来,经过近两个世纪的发展,催化科学与技术取得了长足进步,对整个人类社会起到了无与伦比的推动作用。

　　20 世纪初,德国化学家哈伯等开发了铁基催化剂,实现了氮气和氢气直接合成氨,从而造就了现代化肥工业,大大提高了农业产量,满足了人类因人口增长而对粮食的需求。石油炼制中的催化技术使得人类能从原油中获得所需的汽油、柴油、煤油等,促进了内燃机等的发明和使用,推动了机器大工业发展,人类也迎来了交通便利的汽车、船舶和航空时代。汽车三效催化技术和选择性催化还原氮氧化物技术的发明和应用,使机动车尾气以及工业排放中的氮氧化物、一氧化碳和碳氢化合物等污染物得到了高效净化,对净化大气环境和保护人体健康起到了重要作用。

　　催化技术已成为化学工业的核心技术。80% 以上的化学工业涉及催化技术,催化剂的世界销售额超过 100 亿美元/年,催化技术所带来的产值达到其本身产值的百倍以上。发达国家GDP 的 20%～30% 来源于催化技术直接和间接的贡献。伴随

着人类可持续发展的需求,催化技术在环境保护与可再生能源的转化利用等诸方面发挥着越来越大的作用。利用催化反应可实现有选择性地合成具有特定手性的分子药物,将为保障人类健康起到重要作用。

随着催化科学与技术的发展,催化的内涵也在不断扩展,由多相催化和均相催化到纳米催化、单原子催化等,从热催化到光催化、电催化、光电催化、生物催化等。催化已经成为一门多学科交叉融合的科学与技术,催化技术的应用也变得越来越广泛。

上海交通大学上官文峰教授撰写的科普作品《走进神奇的催化世界》采用通俗的语言和图文并茂的形式,从催化的发展历史、我们日常生活中的有趣催化现象出发,着重介绍了催化在环境保护与资源利用、民生与健康、新能源开发与"双碳"战略中的技术应用和未来前景。这是一本融科学性、文化性和趣味性于一体,适合大众阅读的催化知识科普读物,相信读者在阅读中能有所收获。

贺泓

中国科学院生态环境研究中心研究员

中国工程院院士

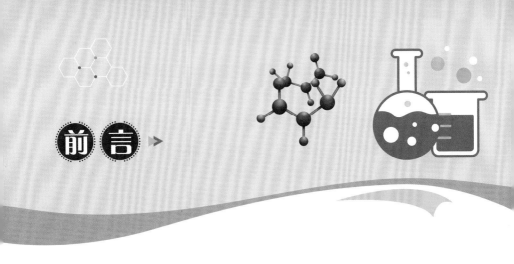

在寒冷的冬天里，一个热气腾腾、香甜可口的烤红薯，既是孩子们的最爱，又是多少成年人的童年记忆。正像古人所云：寒来愿向炉中烤，一捧丹心到汝家。

那么，质地较硬、甜味不明显的生红薯，经过火烤后发生变化甜味更加明显的原因是什么呢？其实，红薯中有一种叫作淀粉酶的物质，当红薯烤火受热时，这种淀粉酶能促进红薯中的主要成分淀粉分解和转化，使得红薯中具有甜味的糖分增加。随着火烤时间延长，红薯也就越来越甜。

类似这样的酶，在生物体中也普遍存在。我们人体从食物中吸取营养，也是通过从消化道分泌出的消化酶，将类似淀粉等的糖类、脂肪、蛋白质等营养素分解为易溶于水的小分子后，再由人体吸收的。生活中会有这样的体会：如果你将馒头在嘴里多嚼一会儿，就会感觉到甜味。这是因为，在口腔内分泌出来的淀粉酶的作用下，淀粉转变成了麦芽糖、蔗糖等具有甜味的糖类物质。

与生物化学变化中起神奇催化作用的酶类似，已有不少工业合成催化剂正改变着我们的生活。从衣食住行到卫生健康，从农业工业到军事国防，从环境保护到资源利用，从可持续发展到"双碳"战略,催化技术都伴随着我们,推动科技进步和社会发展。

在催化技术发展过程中,催化剂自身的形态和作用过程也在不断变化。多相催化、均相催化、手性催化、纳米催化、单原子催化等多种催化方式,都是从"催化黑箱"中衍生出的千姿百态、丰富多彩的催化大家族成员,它们利用催化作用,不断地为人类创造出奇迹。

笔者在读硕士研究生期间正逢我国改革开放初期的 20 世纪 80 年代,当时武汉地方政府正与法国方面进行"中法合资 30 万辆轿车"项目合作,笔者有幸参与了湖北省三效催化器配套的氧传感器研究项目。考虑到传统氧化锆固体电解质氧传感器成本等因素,最终将研究课题确定为"二氧化钛(TiO_2)半导体氧传感器",后来才知道 TiO_2 是光催化剂中最经典的材料。从此与催化结下了不解之缘,研究环境催化和光催化也因此成为笔者的兴趣和生活中的一部分。现在回想起来,当时的硕士研究课题,更像是笔者科研人生的"催化剂"。

本书旨在通过通俗易懂的语言和生动的插图,深入浅出地将催化技术及其典型应用展示给读者。在撰写本书之前,笔者曾录制了 5 集科普视频课件《走进神奇的催化世界》(2020 年度上海市"科技创新行动计划"科普专项),读者可在哔哩哔哩网站(简称 B 站)及上海交通大学出版社微博、微信公众号上搜索视频名称免费观看。

希望本书能够得到大小读者和朋友们的喜爱与支持,如果本书能给你带来阅读快乐并对催化作用产生一点兴趣,笔者便知足矣!

上官文峰

2023 年 2 月于上海交大

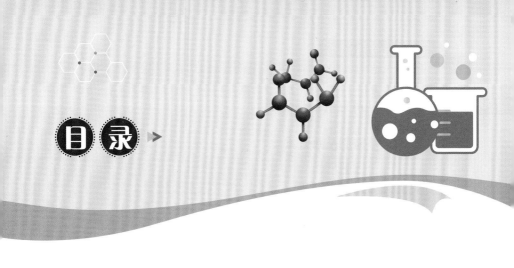

目录

目
录

走进神奇的催化世界

第 **1** 章

催化的前世今生

催化是什么？汉语词典对"催化"的解释有两个：一是指在化学反应过程中，加进某种物质而使反应速度加快或延缓，这种反应叫作催化反应，改变反应速度的这种物质叫作催化剂；二是比喻某举措对事物发展变化起促进作用，如挫折教育对培养青少年坚强意志起到了很好的催化作用。

显然，第二种词义表达是由第一种引申而来的。要理解催化的原意，就必须了解它的出处。那么，"催化"一词最初是从何而来的呢？让我们从一个有趣的故事开始说起吧。

1.1　催化的首倡者和开拓者

我们要了解催化，不得不先认识一下"催化"概念的首倡者，伟大的科学家——贝尔塞柳斯。

≫ 酒会中"诞生"的催化概念

1835 年 8 月 20 日，这一天，是瑞典化学家约恩斯·雅各布·贝尔塞柳斯的五十六岁生日。清晨出门前，他的妻子玛利亚对他再三叮咛，晚上有个生日派对，必须准时回家。然而，在化学实验室忙碌的他，最终还是忘了。朋友们都到齐了，焦急的玛利亚只好自己到实验室，将贝尔塞柳斯叫回家。一进屋，客人们纷纷向贝尔塞柳斯举杯祝贺，他顾不上洗手换衣，接过了一杯葡萄酒一饮而尽，随即皱起眉头喊道："玛利亚，你怎么把醋拿给我了?"客人们都愣住了。玛利亚笑着说道:"亲爱的,你这是开的什么玩笑呀,你做实验都做到家里来了,我们喝的可是纯正的红葡萄酒,怎么会是醋呢!"大家也纷纷表示自己喝的确实是葡萄酒。

贝尔塞柳斯的生日酒会

贝尔塞柳斯将信将疑地又喝了一小口,然后把手中的酒杯递给玛利亚,说道:"你来尝尝,这是酒还是醋呢?"玛利亚惊讶地接过酒杯尝了尝——竟然真是酸的! 就在这时,贝尔塞柳斯注意到酒杯里有少量的黑色粉末,强烈的职业敏感使他很快就意识到,这一定与自己做的实验有关。想到这里,贝尔塞柳斯小心翼翼地将这只神奇的酒杯收了起来。

第二天一早,贝尔塞柳斯就迫不及待地带着"神杯"赶往实验室。经过反复试验，终于证实了红葡萄酒变酸的魔力，是由于粘在自己衣服和手上的铂黑①掉到了酒杯里，加快了乙醇和空气中的氧气发生化学反应的速度，从而生成了醋酸。

铂金首饰呈白色光泽，可同样的铂一旦成为细微颗粒就呈黑色了

那么，加速反应后的铂黑发生了什么变化吗？贝尔塞柳斯通过实验反复验证，表明铂黑在反应前后并没有任何变化，既没有被氧化增重，也没有形成可溶物进入酒溶液（当时还没有离子的概念），更没有产生什么气体跑到空气中去。

第二年，贝尔塞柳斯在《物理学与化学年鉴》学术杂志上发表论文，首次提出化学反应中使用的"催化"和"催化剂"的概念。这里发生的酒变为醋就是一种催化反应，铂黑称为催化剂。反应式如下：

$$C_2H_5OH + O_2 \xrightarrow{\text{铂催化剂}} CH_3COOH + H_2O$$

$$\underset{\text{乙醇(酒)}}{} \qquad\qquad\qquad \underset{\text{乙酸(醋)}}{}$$

其实，类似这样不可思议的化学现象，在贝尔塞柳斯提出"催化"概念之前早已引起一些科学家的注意，比如：

———————

① 金属铂的极细粉末呈黑色，因此称为铂黑。

1812年，俄国的基尔霍夫发现，如果有酸类存在，蔗糖的水解作用会进行得很快，反之则很缓慢。而在整个水解过程中，酸类并无什么变化，它好像并不参加反应，只是加速了反应过程。

同时，基尔霍夫还观测到，淀粉在稀硫酸溶液中可以转化为葡萄糖——催化使淀粉变成了糖，多么甜美！

1813年，英国科学家普雷斯利等人发现红热瓷管中有铁、铜、金、铂等金属时能分解管中通过的氨——催化能去除异味！

1817年，英国科学家戴维发现，加热的铂丝能使甲烷等可燃气体在燃点以下的温度发生燃烧——催化能降低燃烧温度，从而使废气处理变得容易，并能减少污染排放！

1931年英国科学家菲利普斯等人发现铂金是二氧化硫在空气中氧化为三氧化硫（易溶于水）的优良催化剂——催化不仅可用来净化工业排放中的二氧化硫，还可用于制备硫酸！

催化"古为今用"

然而，受限于当时对化学反应的认知，人们只能勉强用接触理论等来解释这些现象，甚至干脆将这类反应称为接触反应。

贝尔塞柳斯注意到这些化学现象的特殊性和共同特点，他认为这类反应不依靠通常反应中的静电力，而是由于一种未知力的作用结果。鉴于当时发现的这些现象大多是分解反应，贝尔塞柳斯将表示"拆散松开"的希腊语（καταλsω）转译为英文"catalysis"和德文"katalyse"用于表示这类反应（"催化"一词就是根据这个外文翻译过来的），将引起催化反应的物质称为"catalyst"和"katalyst"（即催化剂），将催化剂所具有的这种特殊作用力称为催化作用力，也曾经将"催化反应"与当时认为的"接触反应"看作是同一定义的词。

自从"催化"和"催化剂"的概念提出以后，各种促进化学反应的催化剂不断被人们发现，并应用于各种领域。不断丰富的催化剂种类，不断提出的催化剂理论假说，使催化技术开始应用于各行各业。

≫ "化学语言"的首创者

在这里顺便介绍一下，贝尔塞柳斯不仅是"催化"概念的提出者，也是"化学语言"的首创者。

我们从初中的化学课本里就认识了用不同英文字母表示的元素周期表。可是，早期化学家们并不是这样，他们习惯用各种符号代表元素，而不同的人又可能会用不同的符号指代同一种元素。

贝尔塞柳斯觉得这样的表示方法既不方便又不科学，于是他提议用元素拉丁文名称的第一个字母（大写）代表元素。例如,人类最早发现和认识的碳(carbonium)用 C 来表示、磷(phosphorus)用 P 来表示,等等。如果两个元素的第一个字母相同,就加上拉丁文的第二个(甚至第三个)字母的小写加以区别。例如:金 Au(aurum)与铝 Al(aluminium)、砷 As(arsenic),钠 Na(natrium)与氖 Ne(neon),钙 Ca(calcium)与铬 Cr(chromium)等。这就是一直沿用至今的化学元素符号系统。

贝尔塞柳斯首创了拉丁文字母的元素表示法

贝尔塞柳斯将这个元素符号系统公开发表在 1813 年由汤姆孙主编的《哲学年鉴》上。一年以后,在同一刊物上,他又撰文论述了化学式的书写规则。他把一种物质中所含各种元素原子的数目以数字标在元素符号的右下角,例如 CO_2、SO_2、H_2O 等。贝尔塞柳斯关于元素符号及化学式的表示方法,不愧为伟大创举,使得化学形成了一整套独立的符号系统。从此,全世界研究化学的人们有了简洁统一的

瑞典化学家约恩斯·雅各布·贝尔塞柳斯(1779—1848)

化学语言,能够对化学反应进行分析和运算,也为催化反应及机理研究带来了极大便利,直至今天,乃至将来都将为人类所用。

》 催化领域的诺贝尔奖

贝尔塞柳斯提出了"催化"这一概念，但当时并没有阐述清楚催化剂的作用及过程，因此这一概念提出后，遭到了一些科学家的质疑和反对，但同时也为许多科学家所接受，并继续这方面相关研究。其中做出比较大贡献的是德国化学家奥斯特瓦尔德（W. Ostwald，1853—1932）。

德国化学家威廉·奥斯特瓦尔德（W. Ostwald，1853—1932）

1890年奥斯特瓦尔德发表文章，肯定并支持了贝尔塞柳斯的"催化"概念，并提出了自然界广泛存在的"自催化"现象。1895年他发表了《催化过程的本质》一文，指出催化反应中的催化剂可以改变化学反应速度，但不能改变化学平衡，同时这种物质本身也不存在于产物之中。

催化剂的作用是在反应达到平衡前促使反应速度增大，即促进平衡尽早到达，但任何一种催化剂都不能改变反应的平衡点。这些现在作为常识的结论，却用了几个世纪的时间才被确定下来。

那么怎样才能简单地鉴别一个反应是否为催化反应呢？它有个显著特点，那就是一变两不变：

一变，就是只改变物质参与的化学反应速率。

两不变，就是反应前后催化剂本身的质量不变；反应前后它的化学性质也不变。

只要记住这两条，我们就能准确地判断出化学反应中谁才是催化剂了。

因为奥斯特瓦尔德的这一研究成果，他获得了 1909 年的诺贝尔化学奖。这也是催化研究相关的第一个诺贝尔化学奖。

诺贝尔奖章

诺贝尔化学奖旨在奖励在化学领域做出最重要发现或发明的科学家。自 1901 年诺贝尔化学奖首次颁发以来，截至 2022 年已经颁发 114 次。其中催化研究者获奖数量可观（见表1），是诺贝尔化学奖中的主要贡献者。有人称催化是化学科学的"灵魂"，化学工业的"发动机"，看来其言并不为过！然而，催化的影响又远远超出化学领域本身，它在环境保护、可再生能源和资源优化与利用、民生和健康等方面也发挥着重要作用。

表 1 催化相关领域的诺贝尔奖

获奖年份	获奖人	国籍	主要贡献
1909	威廉·奥斯特瓦尔德	德国	提出催化反应中化学平衡和反应速度原理等
1912	维克多·格林尼亚	法国	发明镁与卤代烃的醚溶液反应法——格氏试剂
	保罗·萨巴捷	法国	发明加氢金属催化剂，在细金属粉存在下的有机化合物的加氢法
1918	菲里茨·哈伯	德国	发明催化合成氨技术
1929	阿瑟·哈登	英国	在糖类的发酵以及发酵酶的研究上做出了重要贡献
	汉斯·冯·奥伊勒·切尔平	德国	

（续表）

获奖年份	获奖人	国籍	主要贡献
1931	卡尔·博施	德国	对化学高压反应研究，为合成氨及现代化学工业发展做出了重要贡献
	弗里德里希·贝吉乌斯	德国	
1932	欧文·朗缪尔	美国	在催化表面化学方面做出了重要贡献
1956	西里尔·欣谢尔伍德	英国	在催化与化学反应动力学和链式反应研究方面做出了重要贡献
	尼古拉·谢苗诺夫	苏联	
1975	约翰·康福思	英国	酶催化反应以及立体化学方面做出了重要贡献
	弗拉迪米尔·普雷洛格	瑞士	
1989	悉尼·奥尔特曼	加拿大	发现核糖核酸催化功能，开辟了研究新领域
	托马斯·切赫	美国	
2001	威廉·斯坦迪什·诺尔斯	美国	发现手性分子催化氢化反应，开拓了分子合成的新领域
	巴里·夏普莱斯	美国	
	野依良治	日本	
2005	伊夫·肖万	法国	在烯烃复分解反应及其催化剂研究方面做出了重要贡献
	罗伯特·格拉布	美国	
	理查德·施罗克	美国	
2007	格哈德·埃特尔	德国	在固体表面化学过程方面做出了开创性研究
2010	理查德·赫克	美国	在有机合成领域中钯催化交叉偶联反应方面做出了重要贡献
	根岸英一	日本	
	铃木章	日本	

获奖年份	获奖人	国籍	主要贡献
2018	弗朗西丝·阿诺德	美国	酶的定向演化以及用于多肽和抗体的噬菌体展示技术方面做出了重要贡献
	乔治·史密斯	美国	
	格雷戈里·温特	英国	
2021	本亚明·利斯特	德国	为不对称有机催化的发展做出了重要贡献
	戴维·麦克米伦	美国	

1.2 魅力无限的催化"黑箱"

"催化"的概念有点抽象和深奥，我们就从日常生活中的催化现象开始认识它吧。

》 日常生活中的催化现象

"催化"概念似乎有点抽象，但催化现象就在我们的日常生活中。

其实，我们人体内就有大量的催化剂。比如：

体内多种微量金属元素与蛋白质结合形成金属酶，它们能作为催化剂加速体内的化学反应，逐步将食物中的糖、蛋白质、脂肪等营养物质氧化，将食物转化为供人体活动需要的热能，使人体的体温维持在 37℃ 左右。若是身体不舒服，其中原因之一可能是体内的催化剂出问题了。

在吃饭时，如果把米饭或馒头多嚼一会儿，你会感觉到有甜味出来。为什么？这是因为，在口腔内分泌出来的淀粉酶的催化作用下，淀粉转变成了麦芽糖、蔗糖等具有甜味的糖类物质。

催化，也不断改变了我们的吃、住、行等生活的方方面面。

我们的祖先很早就会酿酒，酿酒的过程就是一种催化反应。酿酒，必须要有酒曲，才能使糯米饭慢慢变成甜酒，然后变成老酒。没有酒曲，是做不成酒的，酒曲就是催化剂。

古人酿酒就用上了"催化"

烧烤中容易产生导致我们中毒的一氧化碳（CO），可以利用催化反应将它转化为无毒的二氧化碳（CO_2）；水果、蔬菜在储运中，容易变质腐烂，是由于果蔬自身释放的乙烯气体造成的，通过催化技术就可以将它及时分解消除，从而达到果蔬保鲜的目的。

我们日常生活中不可或缺的各种纤维、塑料和橡胶材料的合成都离不开催化过程；工业排放污染可以利用催化方法治理；

室内的甲醛或其他具有臭味的有害物质可以通过具有催化功能的空气净化器来净化消除。

现在的汽车尾气都是经过净化处理后排放的，用的就是三效催化技术。

飞机在空中飞行时，机舱内的空气和气压是如何维持的呢？当然是从舱外的空气压进来的。可是高空的空气里臭氧浓度较高，会引起呼吸道或支气管出现炎症，甚至使人体细胞和组织受到损伤，可能导致癌症。怎么办呢？催化剂能快速分解臭氧使其变成氧气，保障舱内空气清洁和安全。

催化分解臭氧，确保了机舱内空气安全

➤➤ 催化"里程碑"

催化造就了一个个神奇的故事：合成氨、石油炼制和机动车尾气净化，在农业、能源和环境保护等领域发挥了不可替代的巨大作用，这三大催化技术被誉为 20 世纪里程碑式的贡献，而这种贡献也正在延伸到更加广阔的领域。

许多生物活性分子和药物分子都具有手性分子①的特征，其中一种构型具有特定的活性或药效，另一种构型则可能具有完全不同的性质甚至毒性。利用催化反应可实现有选择性地合成具有特定手性的分子，成为解决药物生产过程难题的最为关键的一步。

美国科学家巴里·夏普莱斯发现在一价铜催化作用下可实现叠氮化物与炔烃的环加成反应，开启了"点击化学"研究先河。点击化学通过小单元的简单拼接，合成不同功能的化学分子，创造了组合化学新方法，因而再次摘取了 2022 年度诺贝尔化学奖桂冠（巴里·夏普莱斯曾于 2001 年因手性催化氧化反应获诺贝尔化学奖）。在药物开发和生物医用材料等诸多领域中，点击化学已经成为最有用和最吸引人的合成理念和方法之一。

催化，既古老又前沿。它已历数百年的发展，但仍有很多奥妙之处尚未被揭开。催化"黑箱"充满着无限的魅力，必将助力"双碳"战略目标，提高人们的健康水平，让生活更加美好。

神奇的催化"黑箱"

---

① 手性分子指一个分子的两种空间构型互为对映体，具有镜面对称性，但在实际空间中却不能重叠在一起，就像人的左手右手一样。

1.3　催化反应和评价

"催化"这个"黑箱",经过科学家们的努力,从理论研究到工业应用都取得了很大发展。下面我们就说说催化反应是如何发生的,催化剂性能又是如何评价的。

催化反应是如何发生的?

现在我们举个氢气和氧气反应的例子。

我们知道,氢气是很危险的,因为它是易燃气体,燃点为574℃,在氢氧混合气中,只要给一个火花,氢气就迅速与氧气发生燃烧反应,生成水。但是常温常压下,将氢气和氧气混合在一起,即使过上几十年、几百年,它们也不会发生任何变化。如果让氢气接触贵金属铂(也叫铂金),情况就不同了,氢气燃烧过程就会在爆炸声中瞬间完成,而铂金却没有发生丝毫变化。

这就是一种催化反应,这里的铂金,就是催化剂。

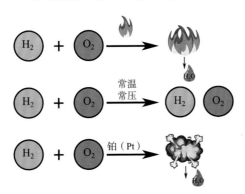

氢气与氧气不同条件下相遇的结果

从科学层面如何解释呢？由于氢气燃烧形成水的过程会释放热量，因此，从氢气和氧气的反应到水的生成，是一个能量从高到低的变化过程。俗话说：水往低处流，这是一种自然规律。但是，能量从高到低只是表明了具有发生化学反应的趋势，实际的化学反应可能很慢，甚至不会发生。

因为氢气和氧气都具有比较稳定的分子结构，换句话说，化学性质不够活泼。要让两者发生化学反应，就必须从外部施加能量，以改变其稳定的分子结构，成为一种能量更高的状态（比如原子或离子等），这一状态我们称它为过渡态。

过渡态能量与反应物能量之差称为活化能，也叫能垒。

这就好比从反应物到产物之间还隔着一个山头，它阻碍了从反应物到产物的反应发生。

让我们来想象一下，假如没有这个碍事的山头的话，日常生活中的糖、酒甚至汽油等就会自动变成水和二氧化碳。自然界中随处发生各种各样的反应，世界将会变成什么样子呢？

要翻过一座山，我们现在可以修建电梯，直达山顶然后顺势而下，但这需要外部提供电力。在传说中，二郎神持有的开山斧，能开山凿洞；《西游记》中的狮驼王力量无比，享有"移山大圣"的美称，他能绕开山峰，开辟出一条比较平坦的道路。

催化剂似乎具有二郎神和狮驼王的遇山凿洞之神功，开辟出新的路径，降低了反应活化能。

催化剂为什么会使活化能降低？要把这个问题阐述清楚，科学家们引入了一个重要概念：基元反应。也就是说，化学反应并不是我们想象的那样，表示反应方程式左边的化学物质只经过一步就生成右边的产物，而往往是分步完成的。将其中的每

二郎神开山凿洞开辟新路

一步反应称为基元反应,几个基元反应构成了反应机理(路径)。

比如:氢气和氧气处在574℃燃点以上的环境下,会发生爆炸式反应生成液态水。其实,反应是经过多个步骤才能完成的,主要步骤如下:

$$H_2 \rightarrow 2H\cdot$$
$$H\cdot + O_2 \rightarrow \cdot OH + O\cdot$$
$$O\cdot + H_2 \rightarrow \cdot OH + H\cdot$$
$$\cdot OH + H_2 \rightarrow H_2O + H\cdot$$

以上每一步都是氢气和氧气生成水的一个基元反应。这里的 $H\cdot$、$\cdot OH$ 和 $O\cdot$ 存在未成对电子,称为自由基,它们的化学活性很高,当然寿命也很短,是一种中间态(也称为过渡态),最终我们只能看到水。

在常温常压下,不会产生以上这些自由基。所以,通常氢气在空气中是安全的。

当有催化剂时,催化剂对反应物有亲和力,产生化学吸附,形成某种中间态化合物(活化状态)。这种有较活泼的中间化合物参与的基元反应,具有更低的活化能,所以反应变得容易进行。

由于不同催化剂可通过不同的基元反应进行,从而形成不同的中间态(也称为过渡态),反应路径不一样,所需的活化能也就不同,从而催化剂的催化性能也不一样。

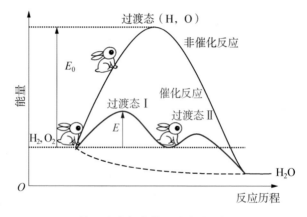

催化反应与非催化反应的比较

在催化反应中,催化剂不会被消耗。催化剂也称为"触媒",触是接触的触;媒是"媒人"的媒、"媒介"的媒。

由"触媒"的命名,让人不禁联想到,催化剂在化学反应中的作用就好比媒人(红娘)一样,通过牵线让不相识的男女双方认识,相互感应而结合,促成好事的媒人便很有成就感地悄悄走开了。催化剂就像是房屋中介,买卖双方成交后,就没他的事了,继续做他的中介去了。催化剂也像生意场上的牵线人,事情谈成后不占有任何一方的股份,继续当他的下一个牵线人去了。

>> 催化反应的分类

催化反应多种多样,主要分类方法有按反应物相①分类和按催化剂性能分类。

按催化反应系统物相的均一性可分为均相催化和非均相催化(也称为多相催化),以及介于这两种之间的酶催化反应。

均相催化反应　　　　　非均相催化反应

催化反应分为均相催化反应和非均相催化反应

1) 均相催化

均相催化指的是所有反应物和催化剂分散在一个相中,也就是说:催化剂、反应物和产物都属于同一种物理状态,都是液体,或者都是气体(同为固体时无法均匀混合,属于非均相)。

均相气相反应举例如下:

$$SO_2 + \frac{1}{2}O_2 \xrightarrow{NO_x} SO_3$$

这里的气体氮氧化物(NO_x)起到催化剂的作用,促进二氧化硫(SO_2)快速转化为三氧化硫(SO_3)的反应。

这个催化反应提醒我们,在大气中同时存在二氧化硫和氮氧化物的话,能加速酸雨的形成(三氧化硫很容易与水反应生成硫

① 物相是物质中具有特定的物理、化学性质的相,例如固相、液相、气相。

酸)。可见,控制二氧化硫和氮氧化物在大气中的排放多么重要。

均相液相反应举例如下:

$$CH_3COOH + C_2H_5OH \xrightarrow[170℃]{H_2SO_4} CH_3COOC_2H_5 + H_2O$$

这里催化剂(浓硫酸,H_2SO_4)、反应物(乙酸,CH_3COOH;乙醇,C_2H_5OH)和产物(乙酸乙酯,$CH_3COOC_2H_5$)都是液体。

在以上反应中,NO_x 和 H_2SO_4 都没有参与反应,只起到促进反应进行的催化剂作用。但是,这种与反应物和产物属于同一相(气相或液相)的催化剂,是无法分离和再利用的,因此在工业催化中少有应用。

2)多相催化

多相催化反应指的是催化剂和反应物处于不同的相,如表2所示。

表2 多相催化举例

催化剂	反应物	例子
液体	气体	磷酸催化的烯烃聚合
固体	液体	金属催化的过氧化氢分解反应
固体	气体	铁催化的合成氨反应
固体	气体+液体	钯催化的硝基苯加氢制苯胺

多相催化反应中的催化剂有液态和固态两种,其中在工业催化应用中固体催化剂最常用。本书涉及的催化剂也多为固体催化剂。

3)酶催化

酶催化可以看作是介于均相与非均相催化反应之间的一种

催化反应。

我们的生命时刻都在进行着新陈代谢,这是庞大而错综复杂的化学反应。这些化学反应都是在众多生物催化剂的作用下进行的,这些催化剂就是酶。

就像前文所介绍的,我们每个人都可以在自己体内和日常生活中发现酶催化剂的作用。比如人体内的各种酶、酿酒的酒曲等。

>> 催化剂性能评价

在业界,一般从催化活性、选择性和稳定性三个方面来评价催化剂性能。

1) 催化活性

催化活性是衡量催化作用能力的指标,主要用反应速率来评价。工业上常用时空产率表示催化剂的活性,将单位时间和单位质量(或单位体积)催化剂催化所得的产物量称为时空产率。

$$时空产率 = \frac{生成物的量}{催化剂质量 \times 时间}$$

2) 选择性

选择性指的是某一种产物在所有产物中所占的比例。在化学反应中,往往生成产物不是唯一的,可能有多种物质。

例如:汽车尾气排放出来的有害气体 NO,可经催化转化为 N_2 和 N_2O、NO_2 等,后者仍然是有害物质,我们当然希望生成 N_2 的选择性越高越好。

催化剂不同,它对反应的选择性也会不同。比如在化学工业中,以合成气($CO + H_2$)为反应物,我们可以用不同的催化剂制得乙醇、甲醇、甲烷、二甲醚以及合成汽油等不同产品。

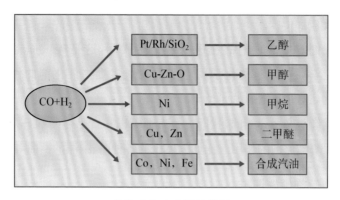

催化反应的选择性举例

3）稳定性

催化剂的稳定性也决定了其寿命，这对降低成本和节省资源具有重要意义。

理论上催化剂在反应中不会消耗，不发生变化，可永久使用。但实际上，催化剂由于多种原因可能会导致活性下降。所以，优选催化剂应具备以下稳定性：首先是化学稳定性，化学组成不易挥发流失；还需耐热性，确保温度变化不易导致其结构变化。另外，某些有害成分的吸附会导致催化剂活性下降，因此催化剂需要具备抗毒稳定性。除此以外，催化剂还应具备抗震抗摩擦等机械稳定性。

1.4 如何"诊断"催化剂?

简单地说，催化剂的化学组成和组织结构决定了催化剂的性能，即结构和性能之间存在着一定关系，也称为构效关系。那么，这就需要我们通过各种先进方法分析微观层面上催化剂的组成和结构,这种对构效关系的"诊断",就是催化剂的表征技术。

>> 看看催化剂的微观世界

催化剂的最基本化学组成,也就是催化剂中有哪些元素。即便是元素相同,若这些元素的原子排列不同,性能也会有天壤之别。正如金刚石、石墨和石墨烯虽然都是由碳元素组成的,但为什么它们的形貌等物理化学性能有天壤之别呢? 这是因为它们的内部原子间的排列方式不一样,是由构成它们的晶体结构不同造成的。

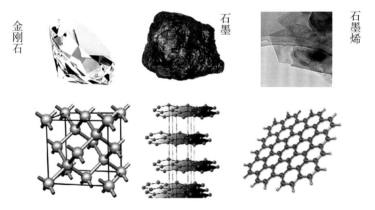

金刚石、石墨、石墨烯及其晶体结构

诺贝尔奖获得者——德国科学家伦琴和劳厄先后发现了 X 射线及其衍射现象,由此发展而来的 X 射线衍射技术(XRD)是表征和分析催化剂晶体结构最基本的方法。

X 射线是一种波长很短(0.01~100 埃)的电磁波,能穿透一定厚度的物质,并能使荧光物质发光、照相乳胶感光、气体电离。

将具有一定波长的 X 射线照射到结晶性物质上时，X 射线因在晶体内遇到规则排列的原子或离子而发生衍射，衍射波叠加的结果使 X 射线的强度在某些方向上加强，从而显示与结晶结构相对应的特有的衍射现象。根据其衍射特征，便可确定材料的晶体结构，即结晶中原子的排列方式。

化合物中原子的化学价态对性能的影响也是很大的。当时，哈伯等化学家为了获得满足工业应用的高活性合成氨催化剂，进行了多达数千次的实验，才终于制备成功。早先，由于检测技术的制约，人们无法深入了解微观结构及化学态对反应产生的影响，真是历经千辛万苦！现在我们知道，在合成氨催化过程中，铁催化剂的价态，也就是二价铁和三价铁的比例，对合成氨反应的影响很大。由于 X 射线光电子能谱仪的出现，我们能很方便地测定各种元素的化学价。

X 射线衍射分析仪和扫描电子显微镜

不知道大家有没有观察过雨后的荷叶？荷叶上的雨滴像珍珠似的滚来滚去。这是为什么呢？如果在电子显微镜下，你就会发现:荷叶的表面长成了凹凸不平的纳米结构。人们借鉴这一"荷叶效应",发明了微观结构类似荷叶的仿生材料,如防水风衣、防雨汽车后视镜等。同样,电子显微镜也用于催化剂的形貌和结构研究。

荷叶效应以及荷叶表面的微观结构

随着材料制备和表征技术的不断发展,纳米催化研究也不断进步。人们发现,当某些物质的颗粒小到几十纳米或几纳米时,原本活性很低甚至没有活性的物质,就能成为高活性的催化剂。这是因为纳米颗粒发生了电子能级分裂,因而产生了奇特的效果。

典型的例子就是黄金。长期以来,黄金一直被视为具有永久价值的"高贵"金属。决定黄金这种地位的是它的化学非活泼性,即优异的稳定性,所以很长时间以来,人们一直认为它不可以作为催化剂。但现在的研究表明:一旦把金制成纳米粒子,它就会产生很高的催化活性。在金纳米粒子的作用下,原本空气中很稳定的有毒气体 CO,即使在零度以下,也能快速氧化为无毒的 CO_2。

黄金
"高贵"之处在于"不变（惰性）"

金纳米颗粒
能够作为催化剂在于"高活性"

金条和纳米金的化学性质截然不同

▶▶ 揭秘"上海光源"

大多表征技术都离不开光，就像我们肉眼观察物质需要光一样。我们之所以能看到物体，是因为光照射到物体时，会被反射到我们的眼睛，在视网膜上成像，并被视神经所感知而"看到"。我们眼睛只能看到波长为 400～780 纳米的可见光，光的波长决定了分辨率，因此人的肉眼观察物质受到很大限制。我们想要"看清"病毒、蛋白质分子甚至原子及其排列方式等微观物体，就必须选用与这些微观物体大小相近或更短的波长的光束来照射微观物体，利用光束在物质中的衍射、折射、散射等能够检测到微观物质的特性，或者利用光束与物体相互作用产生的光激发、光吸收、荧光、光电子发射等特性，来探究未知的微观世界。波长越短，能量越大，因此要看清更小的物质世界，需要提供的外部能量也越大。另外，光的亮度越大，就可越清楚地"看见"材料的内部结构。

你听说过"上海光源"吗？这个"光源"与我们日常生活中的光源可不一样。其实，它的全称是"上海同步辐射光源"。

同步辐射是一种利用电子(或正电子)在磁场中偏转时产生同步辐射的高性能新型强光源,强度高,亮度大,为探测微观世界提供了有力手段。它利用高能量短波长的同步辐射光"照射"到各种各样的实验样品上,同时用科学仪器记录实验样品的各种反应信息或变化,经处理后变成一系列反映自然奥秘的曲线或图像,科学家和工程师们可以利用其对极细微的结构等进行快速和精确测定,是催化科学、生命科学、材料科学、环境科学等领域开展前沿研究的先进实验平台。

位于上海张江的上海光源(照片来源:"上海光源"网站 sari. ac. cn)

2010 年建成的上海光源属于第三代同步辐射光源,它的结构主体包括三大加速器,分别是一台 150 MeV(百万电子伏特)的电子直线加速器、一台能在 0.5 秒内把电子束能量从 150 MeV 提升到 3.5 GeV(十亿电子伏特)的全能量增强器、一台周长为 432 米的 3.5 GeV 高性能电子储存环。目前已有 20 多条光束线,为 30 多个研究实验站提供光源。

这里,我们将以简单的例子为大家解释上海光源是如何为催化研究做出贡献的。

我们已经知道,铂金属独特的物理化学性质决定了其在催化反应中的不可替代性,但其资源稀缺,成本昂贵。一直以来,人们将纳米铂催化剂分散于高比表面积的载体上,以获得良好的催化性能。如果能将铂以单原子形态负载,不就可以大大节约铂用量了吗?但是常规表征设备只能看到纳米尺寸颗粒,无法对埃级和亚埃级[①]原子尺度体系的结构进行研究。近年来,科研工作者利用上海光源的 X 射线吸收谱和超高分辨电镜技术证实了"单原子"铂的存在以及它的特殊催化效果,为开发高效低成本贵金属工业催化剂提供了可能。

中国科学院大连化学物理研究所科研人员在国际上首次报道了单原子催化剂的制备与性能,在此基础上提出的"单原子催化"概念在短短的几年中已迅速成为催化领域的研究前沿方向。

从"纳米催化"到"单原子催化"

单原子催化剂因其特殊的结构,呈现出显著不同于常规纳米催化剂的活性、选择性和稳定性,随着同步辐射 X 射线吸收等先进表征技术的发展,利用单原子催化剂可实现在埃级和亚埃级原子尺度上阐明催化剂的构效关系,为连结多相催化与均相催化研究提供了途径。

---

① 1 纳米等于 10 埃。

第 2 章

用空气制造氮肥

如果要问 20 世纪最重要的发明是什么，你可能会说：收音机、电视机、计算机、空调、飞机、宇宙飞船等。但是，俗话说：人是铁，饭是钢。由于人口的急剧膨胀，地球上已经没有更多可耕种的土地，旧的农业生产方式已无法继续提高粮食产量，人类正面临一场严峻的粮食危机。要在现有的可耕种的土地上获得粮食丰收，就必须要有足够的氮肥。所以，从这个角度来说，解决粮食危机的氮肥才是 20 世纪最重要的发明。

2.1　氮肥从哪儿来？

进入 19 世纪后，世界人口出现了快速增长，同时由于缺乏肥料，粮食难以增产，越来越多的人面临饥饿的威胁，主要原因来自氮肥危机。

▶▶ 氮肥危机

当时全世界农业所使用的氮肥只能选择廉价、现成的动物粪便，极其有限。虽然地球上也蕴藏着硝酸盐矿物，可以用来制造含氮的肥料，例如硝酸钠和硝酸钙等，但是，这类硝酸盐矿物储量有限，开采成本也大，并不能被大量地应用在农业上。另外，当时硝酸盐矿物还是一种战略资源，因为可以用来制造火药而受到严格使用管控。

因此，动物粪便成了 19 世纪中叶各个国家抢夺的资源，

粮食作物渴求氮肥降临肥沃土地

1856年，美国甚至出台了《鸟粪岛法案》，其中规定：凡是含有鸟粪沉积物且无人认领的岛屿，美国公民可以占为己有，必要时国家可以出兵保护。

鸟粪中因含有丰富的有机质和氮磷化合物，属于优质作物肥料，为了鸟粪，世界上还爆发了几次战争。位于秘鲁海岸的钦查群岛积累了几个世纪数以百万吨计的鸟粪，1865年西班牙为了鸟粪向秘鲁宣战，厄瓜多尔和玻利维亚也加入了对抗西班牙的战争，最后以西班牙的失败而告终。

19世纪后期，随着炼焦工业在欧洲各国的逐渐兴起，人们可以用炼焦的副产品氨为原料制成硫酸铵。这样，廉价的炼焦副产品又逐步成为氮肥的另一个来源。很长时间以来，农业所使用的氮肥主要来自有机物的副产品，主要是人和畜的粪便、榨油过后的油渣饼等。但是，随着农业生产的发展和地球人口的不断增加，氮肥的数量已越来越无法满足农作物生长的需要。

>> 向空气要氮肥

当时,一些有远见的化学家考虑到将来的粮食问题,提出为了使子孙后代免于饥饿,必须寄希望于大气固氮的实现。因此将空气中丰富的氮固定下来并转化为可被利用的形式,在 20 世纪初成为一项受到众多科学家瞩目的重大课题。在地球周围的空气中,氮气占了 78％ 的体积,可以说是取之不尽,用之不竭,但是氮气的化学性质却很不活泼。2 个氮原子以三键结合成为氮气分子(N_2),包含 1 个 σ 键和 2 个 π 键,因为在化学反应中首先受到攻击的是 π 键,但打开 π 键很困难,因而使氮气难以参与化学反应。

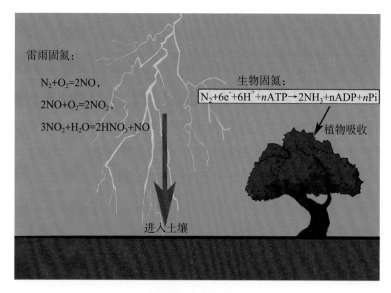

雷雨固氮:

$N_2+O_2=2NO$,

$2NO+O_2=2NO_2$,

$3NO_2+H_2O=2HNO_3+NO$

生物固氮:

$N_2+6e^-+6H^++nATP \rightarrow 2NH_3+nADP+nPi$

植物吸收

进入土壤

自然界的固氮作用

科学家们自然而然地想到了雷雨放电形成氮氧化物的自然现象,但是人工模拟雷电效应是难以想象的,要直接利用空气中的氮气(游离氮)仍很困难。科学家们还发现,在自然界常温状态下,游离氮只能被一种在豆科植物上生长的细菌直接利用,这种菌叫作根瘤菌。根瘤菌有一种绝妙的本事,它能够在常温下将空气中的氮气转化成自身所需要的氮肥。受之启发,将空气中丰富的氮固定下来并转化为可被利用的形式,成为当时众多科学家的期盼和梦想。

2.2 合成氨技术横空出世

19 世纪末到 20 世纪初,德国发展迅速,欧洲的工业重心从英国转移到了德国,与此同时,德国的人口也开始快速膨胀。从 1870 年到 1910 年,德国人口在短短 40 年时间里,从 3 950 万人激增到了 6 350 万人。当时的局面使德国人意识到必须找到能够工业化固氮的方法,才能解决粮食危机。尽管此时人们已经认识到将空气中丰富的氮气转化为含氮化合物可能是一条通往希望的道路,然而研究却一直徘徊不前,直到弗里茨·哈伯的出现,问题才得以解决。

≫ 哈伯-博施法

弗里茨·哈伯,1868 年 12 月 9 日出生于西里西亚的布雷斯劳(现为波兰的弗罗茨瓦夫)。哈伯从小好学好问,喜欢动手,小小年纪就掌握了不少化学知识。19 岁的哈伯就被德国皇家工业大学破格授予博士学位,1896 年在卡尔斯鲁厄工业大学当讲师,1906 年起任物理

德国化学家弗里茨·哈伯(1868—1934)

化学和电化学教授。

利用氮、氢为原料合成氨的工业化生产曾是一个较难的课题,从第一次实验室研制到工业化投产,约经历了 150 年的时间。1795 年有人试图在常压下进行氨合成,后来又有人在 50 大气压的高压环境下试验,结果都失败了。法国化学家勒夏特里是第一个试图进行高压合成氨实验的人,但是由于氮氢混合气中混进了氧气,引起了爆炸,使他放弃了这一危险的实验。然而,哈伯决心攻克这一令人生畏的难题。

哈伯首先进行了一系列实验,探索合成氨的最佳物理化学条件。哈伯的最初研究发现,在 1 000℃ 的高温下氮气会与氢气发生反应生成氨,但高温又会导致氨快速分解,因此最终混合物中氨的含量微乎其微,不具备生产价值。但是哈伯认识到,氮气和氢气的混合气体必须在高温高压的条件及催化剂的作用下才能合成氨。

中学化学知识告诉我们,氢气和氮气反应生成氨的化学反应式如下:

$$N_2 + 3H_2 \rightleftharpoons 2NH_3$$

化学反应中有一个概念——吉布斯自由能变(ΔG),它反映了系统从始态(反应物)到终态(产物)发生的热力学上的变化,在等温、等压条件下可作为反应自发进行方向的判据。任一系统的自发变化总是朝着吉布斯自由能减少的方向进行,直至平衡为止。也就是说,如果 $\Delta G < 0$,则反应可以自发进行;反之则不可以自发进行。

吉布斯自由能变的公式为 $\Delta G = \Delta H - T\Delta S$,其中,$\Delta H$ 是化

学反应的焓变,指的是在恒温、恒压的条件下,化学反应过程中所吸收或释放的热量,规定吸热反应的焓变大于零,放热反应的焓变小于零;ΔS 是化学反应的熵变,是指发生化学变化之后物体混乱度的变化量;T 是温度,单位是开尔文(K),开尔文温度与摄氏温度的关系是:$T(K) = t(℃) + 273.15$。

现在,我们可以对合成氨能否发生自发反应做如下大致判断了:合成氨反应是放热反应,所以焓变 $\Delta H < 0$;化学计量数由 $1+3$ 变为 2(1 摩尔的氮气和 3 摩尔的氢气反应生成 2 摩尔的氨气),混乱度下降,所以熵变 $\Delta S < 0$。因只有 $\Delta G < 0$ 时反应能自发进行,所以 T 值较小时满足条件,即较低温度时反应能自发进行。

这个反应的正向反应的结果是 4 摩尔气体变成了 2 摩尔气体,是气体体积减小的放热反应。降低温度和增加压强有利于化学平衡向生成物方向移动,即能提高氨气产率。但是,催化剂需要在一定温度下被活化,才能发挥催化作用。因此,找到一个合适的反应温度和反应压强最为关键。

合成氨

多高温度和压力最合适?
用什么样的催化剂最好?

如何实现合成氨?

但什么样的高温和高压条件是最佳的呢？用什么样的催化剂最好？哈伯以锲而不舍的精神，经过不断地实验和计算，终于在 1909 年取得了鼓舞人心的成果，在 600℃的高温、200 大气压和锇为催化剂的条件下，能得到产率约为 8% 的合成氨。但此时的产率仍太低，无法满足工业化的要求，怎么办？哈伯认为若能使反应气体在高压下循环反应，并从这个循环中不断地把反应生成的氨分离出来，则这个工艺过程是可行的。于是他成功地设计了原料气的循环工艺。这就是合成氨的哈伯法。

然而，更加不可忽略的问题是，锇是一种稀有金属，在地球上的储量极少。哈伯后来建议采用的第二种催化剂是铀。但是，铀不仅很贵，而且对痕量的氧和水都很敏感。为了寻找高效稳定的催化剂，两年间，他们进行了多达 6 500 次试验，测试了 2 500 种不同的配方，最后选定了以氧化铝和氧化钾作为助剂的铁基催化剂（$Fe/Al_2O_3 - K_2O$）。

这里，稍微解释一下"助剂"。助剂，也称为助催化剂，它本身不具有催化活性或活性很低。但当少量助剂被加到催化剂中，能改善催化性能，提高催化反应的活性和选择性。

接下来，开发适用的高压设备成为工艺的关键。当时能受得住 200 大气压的低碳钢材料，却害怕氢气的脱碳腐蚀。在合成氨技术工业化推进的关键时刻，另一位科学家出现了，他就是工业化学家卡尔·博施。博施想了许多办法，最后决定在低碳钢的反应管子里加一层熟铁的衬里，熟铁虽没有强度，却不怕氢气的腐蚀，最终解决了实际应用中的难题，实现了合成氨的工业化生产。

鉴于在合成氨课题中做出的重大贡献，哈伯和博施分别于

实现了用空气制造氮肥

1918 年和 1931 年获得了诺贝尔化学奖。该合成氨技术也被称为"哈伯-博施法"而载入史册。因为合成氨的研究与应用，已有多位科学家先后获得诺贝尔化学奖，也说明了这一技术的重要性。

>> "天使"和"魔鬼"

赞扬哈伯的人说：他是天使，为人类带来丰收和喜悦，是用空气制造面包的圣人；诅咒他的人说：他是魔鬼，给人类带来灾难、痛苦和死亡。这是怎么一回事呢？

就在发现氮气合成氨的方法两年之后的 1911 年，哈伯被德意志帝国皇帝威廉二世任命为新成立的凯撒·威廉物理化学及电化学研究所所长。在第一次世界大战中，哈伯担任化学兵工厂厂长时负责研制并生产氯气、芥子气①等毒气，并将其作为化学武器应用于战争，造成近百万人伤亡。虽然按照他自己的说法，这是"为了尽早结束战争"，却并未改变这场历时四年的战争以英国和法国为首的协约国获胜的最终结局。

后来，哈伯经历了对战争的反省，为了改变那场战争中给人留下的不光彩形象，他把全部精力都投入到科学研究中。在他

---

① 芥子气是二氯二乙硫醚的俗名，分子式为 $S(CH_2CH_2Cl)_2$。

卓有成效的领导下，威廉物理化学研究所成为世界上化学研究的学术中心之一。根据多年科研工作的经验，他特别注意为他的同事们创造一个毫无偏见、并能独立进行研究的环境，在研究中他又强调理论研究和应用研究应相结合，积极致力于加强各国科研机构的联系和各国科学家的友好往来，培养出众多高水平的研究人员。他的研究所也因此成为世界一流的科研单位。

科学无国界，科学成果为全人类共有。但是，如何应用科学技术，考验着使用者的道德和立场。

技术是把"双刃剑"

2.3 既是肥料又是能源

"哈伯-博施"合成氨技术被誉为 20 世纪催化技术成果的三大里程碑之一，从根本上扭转了人类的粮食危机。随着碳达峰、碳中和战略的推进，原先用于肥料的氨，可能成为新能源中的新秀，科学家们也在探索更加节能和便捷的合成氨新方法。

》 从肥料到能源

有了氨气，我们就能轻而易举地制造出铵态氮肥，例如碳酸氢铵（NH_4HCO_3）、硫酸铵[$(NH_4)_2SO_4$]等，也可以制成我们现在熟知的尿素（CH_4N_2O）。据学者们计算，哈伯-博施法制造的肥料可能保障了战后三分之一人口的生存，如果没有这项技术，当今世界大约有 20 亿人将无法生存。同时，化肥的使用保持了耕地的肥力，令开垦新耕地的需求大幅减少，大批的森林、草原、山泽、湖泊因此得以保全，起到了保护生态的作用。

"哈伯-博施"合成氨具有划时代的意义，它开辟了人类直接利用游离状态氮的途径，也开创了高压合成氨的化学方法，它的意义已不仅仅是使大气中的氮气变成生产化肥"取之不尽、用之不竭"的廉价来源，而且使农业生产产生了根本的变革。直到现在，世界各国的氮肥工业在基本原理上还沿用这种方法。同时，也大大推动了与之有关的科学和技术的发展。

我国是世界合成氨工业第一大国，年产 6 000 万吨以上，约占全球产量的三分之一，其中 90% 用于农业（其中尿素与碳铵占比 75%，硝铵与氯化铵占比 15%），为保障粮食丰收起到重要作用。

合成氨工艺中所需的氢气通常来自甲烷①的重整，这一过程能耗高，二氧化碳排放量大，合成氨占全球能源消耗和碳排放的 1% 左右。

在进入碳达峰碳中和的战略阶段后，氨将有可能成为未来绿色能源的"佼佼者"之一。氨是最大的零碳氢载体，它能量密度高，易液化，储运方便，可以利用现有完善的基础设施进行储运。可以预测，作为"含氢无碳能源"，未来合成氨工业规模将会

---

① 甲烷的分子式是 CH_4，是天然气的主要成分。

更加宏大。

氨的化学组成是 NH_3，直接燃烧产物不含二氧化碳，当然除了水，还可能有氮氧化物（NO_x）。NO_x 是污染物，可以通过催化去除，下一章会讲到这方面的知识。

氨既是肥料又是能源

≫ 不断发展中的合成氨催化技术

氨作为世界上最大的工业合成化学品之一，当今世界上氮肥的产能已经超过 5 亿吨。一直以来工业上所采用的合成氨技术为哈伯-博施工艺，这种工艺在铁基催化剂下，以氮气和氢气为原料，在高温（300～600℃）、高压（150～250 大气压）下进行反应，每年由此带来的能源消耗巨大。同时，哈伯-博施法的原料中还需要用到自然界中并不存在的纯氢，需要通过化石能源

（如天然气）分解制取，这一过程消耗的天然气占全球天然气消耗总量的 3％～5％，并伴随着大量二氧化碳副产物的生成，将进一步加剧全球的温室效应。

如何进一步开发出低温高活性的合成氨催化剂，降低能耗；如何利用可再生资源驱动氮气还原合成氨反应，一直是世界范围内工业界和学术界关注的热点和不懈追求的目标之一。在当前碳达峰碳中和的战略目标下，这一目标尤为重要。

一些研究者正在开展利用光催化和电催化方法合成氨的研究，主要利用水系电解液在温和条件下催化氮气还原反应合成氨。这一反应的原料只有水和氮气，无须消耗氢气，并且反应条件温和，使用的能量可以来自太阳能、风能等清洁可持续能源，应用前景非常诱人。

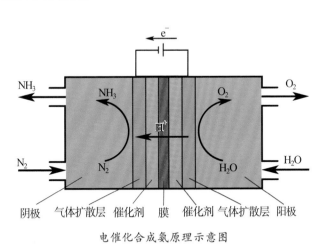

电催化合成氨原理示意图

第 **3** 章

汽车尾气的净化神器

汽车,已经成为人类不可缺少的交通运输工具,发展成为物质文明的支柱产业之一。这种以内燃机为动力的现代汽车的发明者是卡尔·本茨(1844—1929)和哥特里布·戴姆勒(1843—1900),他们两人因此被世人尊称为"汽车之父"。可是,当他们分别于1885年和1892年发明世界上第一辆三轮汽油汽车和四轮汽油汽车时,怎么也想不到,未来汽车会因氮氧化物、一氧化碳和碳氢化合物等污染物排放,曾成为导致严重环境公害、危害人们健康的"罪魁祸首"。净化汽车尾气排放,使汽车生命力得以延续和发展,催化技术功不可没。

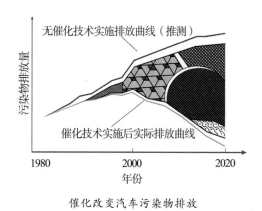

催化改变汽车污染物排放

3.1　洛杉矶光化学污染事件

洛杉矶位于美国西南海岸,是美国第二大城市,西面临海,三面环山，是个阳光明媚、气候温暖、风景宜人的地方。洛杉矶也是美国重要的工商业、国际贸易、科教、娱乐和体育中心之一，著名的电影业中心好莱坞和美国第一个"迪士尼乐园"就建在这里。

》 光化学污染危害

就在这风景秀丽、气候宜人的城市，从 1940 年初开始，洛杉矶每年从夏季至早秋，只要是晴朗的日子，城市上空就会出现一种弥漫天空的浅蓝色烟雾，使整座城市上空变得浑浊不清。这种烟雾使人眼睛发红，咽喉疼痛，呼吸憋闷、头昏、头痛，就医住院人数激增，老人因呼吸系统衰竭死亡人数增多，甚至汽车、飞机的安全运行受到威胁，交通事故发生频次增加。这是什么原因导致的呢？正是汽车惹的祸。

洛杉矶在 20 世纪 40 年代就已拥有 250 万辆汽车，每天大约消耗 1 100 吨汽油，排出 1 000 多吨碳氢化合物（HC），300 多吨氮氧化物（NO_x），700 多吨一氧化碳（CO）。由于洛杉矶三面环山，大气污染物不易扩散，而常受到逆温的影响，更使污染物聚集在洛杉矶本地。这些物质的分子在吸收了太阳光的能量后，会变得不稳定起来，原有的化学键遭到破坏，形成新的物质。这种化学反应称为光化学反应，其产物为含剧毒的光化学烟雾，对大气环境和人体健康造成极大的危害。

在这之后的数十年里，在美国其他城市以及日本、加拿大、德国、澳大利亚、荷兰等国的一些大城市都发生过类似的光化学烟雾事件。我国的成都、上海在 1995 年发生了光化学烟雾，北京和南宁分别于 1998 年和 2001 年也发生过此类事件。

>> 光化学污染成因

那么，为什么会发生光化学污染事件呢？

汽车发动机动力来自汽油燃烧。燃烧的主要产物是氮氧化物（NO_x），碳氢化合物（HC）和一氧化碳（CO）。这些物质在阳光中紫外光的作用下发生光化学反应生成细颗粒物（$PM_{2.5}$）和臭氧（O_3）等二次污染物，在大气中形成有害浅蓝色烟雾，这是引起大气灰霾的主要原因之一。

光化学烟雾的形成

光化学烟雾的形成及其浓度，除了由汽车排气中污染物的数量和浓度直接决定以外，还受太阳辐射强度、气象以及地理等条件的影响。特别是每年从夏季至早秋，只要是晴朗的日子，天空就会出现一种弥漫的浅蓝色烟雾，使整座城市上空变得浑浊不清。它往往每天循环，白天生成，傍晚消失，不仅严重危害人和动物的健康，也严重影响植物的生长，降低植物对病虫害的抵抗力。

因汽车排放污染而导致的洛杉矶光化学污染事件成为 20 世纪世界著名的公害事件之一。直到 20 世纪 70 年代,洛杉矶市还被称为"美国的烟雾城"。

3.2　汽车尾气的危害

我们平时所说的汽车,一般包括汽油车和柴油车。两者所用的燃料不同,产生的排放污染物也有所不同。相同的是,汽油、柴油燃烧都会因燃烧不完全而产生一氧化碳(CO)、碳氢化合物(HC)和颗粒物(PM),同时由于气缸内的高温燃烧产生氮氧化物(NO_x)。不同的是,相比汽油,柴油更难燃尽,产生的颗粒物会更多;同时柴油往往采用稀燃方式[①],相对汽油车来说,尾气中的一氧化碳和碳氢化合物会更少一些。因此,颗粒物和氮氧化物成了柴油车的主要尾气排放物。

汽车尾气排放的污染物

≫ 一氧化碳(CO)

一氧化碳是一种无色、无味的气体,当被吸入人体后,非常

----

① 进入发动机气缸的空气大于燃料燃烧所需理论空气量,即空气过剩状态下的燃烧。

容易和血液中负责氧气运输的血红蛋白结合,它的亲和力是氧的 300 倍。因此,肺里的血红蛋白不与氧结合而与一氧化碳结合,致使人体缺氧,引起头痛、头晕、呕吐等中毒症状,严重时可能导致死亡。

≫ 碳氢化合物(HC)

由碳和氢两种元素组成的有机化合物称为碳氢化合物(通常简写为 HC),在发动机中指的是废气中燃料的未燃部分,还包括供油系统中燃料的蒸发和滴漏。对绝大多数的碳氢化合物来说,大气中含量不高时对人体健康不会造成直接的危害,但是由燃料不完全燃烧生成的碳氢化合物成分极其复杂,其中多环芳烃、苯并芘等,即使在大气中含量少、浓度低,也会致使人体患癌。此外,碳氢化合物还是导致光化学烟雾产生的重要成分。

≫ 氮氧化合物(NO$_x$)

氮氧化物(NO$_x$)种类很多,如一氧化二氮(N$_2$O)、一氧化氮(NO)、二氧化氮(NO$_2$)、三氧化二氮(N$_2$O$_3$)、四氧化二氮(N$_2$O$_4$)和五氧化二氮(N$_2$O$_5$)等。高温燃烧排放主要是一氧化氮,它在大气中极易与空气中的氧发生反应,生成二氧化氮。

氮氧化合物是发动机有一定负荷时大量产生的一种有刺激性气味的废气。发动机废气刚一排出时,气体内存在的一氧化氮毒性较小,但容易被氧化成毒性较大的二氧化氮等其他氮氧化合物。氮氧化合物进入肺泡后能形成亚硝酸和硝酸,对肺组织产生剧烈的刺激作用。

氮氧化合物与碳氢化合物受阳光中紫外线照射后发生化学反应,形成有毒的光化学烟雾。当光化学烟雾中的光化学氧化剂超过一定浓度时,具有明显的刺激性。它能刺激眼结膜,引起流泪症状并导致红眼症,同时对鼻、咽、喉等器官均有刺激作用,会引发急性喘息症,可以使人呼吸困难、眼红喉痛、头脑晕沉,造成中毒。光化学烟雾还具有损害植物、降低大气能见度、损坏橡胶制品等危害。

>> 颗粒物(PM)

由汽车排放出的颗粒物(particulate matter,PM)有三个来源,其一是不可燃物质,其二是可燃的但未进行燃烧的物质,其三是燃烧生成物。燃烧过程排出的颗粒物质大部分由固态炭组成,火焰中形成的固体颗粒称为炭黑。颗粒物质的组成中除炭黑外还有碳氢化合物、硫化物和含金属成分的灰分等。含金属成分的颗粒物主要来自燃料中的抗爆剂、润滑油添加剂以及运动磨损产生的磨屑等。

柴油车的发动机燃料燃烧不完全时,排放尾气中含有大量的黑色碳烟。碳烟本身不仅对人体的呼吸系统有害,而且碳烟的孔隙中往往吸附着二氧化硫以及多环芳香烃等致癌物质。汽油车尾气中我们基本看不见黑烟,但不代表没有颗粒物,而是颗粒物很小罢了。

燃油车尾气排放在空气中的颗粒物可以通过呼吸道、消化道、皮肤等途径进入人体,其中呼吸道是最主要的也是危害最大的途径之一。粒径越小的颗粒物对人体危害越大,粒径小于10微米的可吸入颗粒物可随着呼吸沉积于肺部,甚至可以进入肺泡和血液。

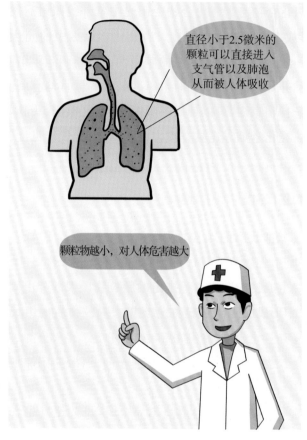

颗粒物越小,对人体危害越大

有研究表明,沉积在肺实质内的粒子 96% 为 PM$_{2.5}$颗粒[①]。

另外,汽车的内燃机消耗大量石油资源。汽油燃烧后产生驱动力的同时也产生了许多复杂的化学反应,排放出大量的二氧化碳等温室气体,加剧了温室效应。

---

① PM$_{2.5}$颗粒是指平均等效粒径小于等于 2.5 微米的颗粒物。

3.3　神奇的三效催化器

洛杉矶光化学污染事件促使了美国加利福尼亚州联邦政府的净化空气法案的推行,同时催生了汽车尾气催化净化技术——三效催化器。

》何谓"三效催化"?

首先,我们来了解一下汽车尾气中为什么会有碳氢化合物(HC)、一氧化碳(CO)和氮氧化物(NO_x)。

理论上,1公斤的汽油需要多少公斤的空气,才能完全燃烧而又不过剩呢? 需要14.7公斤的空气! 即空气/燃料比(理论空燃比)A/F=14.7。我们开车时,只管控制油门,控制空气量的任务是由发动机的电喷控制单元和氧传感器及执行机构(喷油系统+进气系统)实现的。其中,关键控制单元是测定氧浓度的氧传感器,利用它输出的电压信号,可实现对空燃比的精确控制。

按理讲,在理论空燃比的条件下,汽油将完全燃烧变成二氧化碳和水,那么哪来的氮氧化物呢? 实际上,由于高温下空气中的氧气不仅与汽油发生燃烧反应,而且还会与空气中的氮气发生反应,生成氮氧化物。这样,由于部分氧气被氮气消耗了,汽油燃烧就不够完全,产生一定量的一氧化碳和碳氢化合物。燃烧温度越高,氮氧化物浓度越大;但温度较低时又会导致燃烧不完全,一氧化碳和碳氢化合物浓度升高。所以,仅仅通过改进发动机,要想一氧化碳、碳氢化合物和氮氧化物三种污染气体同时降低是难以实现的。

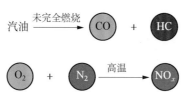

汽车尾气中的 NO_x、CO 和 HC 来源

采用催化剂,就可以在不增加燃料费用和运行成本的前提下,将一氧化碳、碳氢化合物和氮氧化物三种污染气体同时消除,这种催化剂称为"三效催化剂"。

≫ 三效催化器是如何工作的?

三效催化的主要原理如下:在催化剂作用下,提高了一氧化碳、碳氢化合物和氮氧化物三种气体的化学活性,促使互为氧化还原反应的进行。一氧化碳在高温下氧化成为无色、无毒的二氧化碳气体;碳氢化合物在高温下氧化成水(H_2O)和二氧化碳;氮氧化物还原成氮气。也可简单理解为氮氧化物中的氧给了一氧化碳(生成二氧化碳)和碳氢化合物(生成水和二氧化碳),同时氮氧化物中的氮还原为氮气(N_2),从而汽车尾气得以净化。

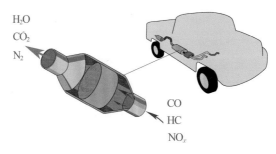

汽车三效催化器

我们也可以这样理解,当按理论等当量比的空气和汽油进入发动机内,部分空气中的氧气没有参与汽油燃烧反应(生成了少量的一氧化碳和碳氢化合物),而是与空气中的氮气发生了反应。催化剂的作用就是将生成氮氧化物还原为氮气,其中的氧正好用于氧化一氧化碳和碳氢化合物,实现了汽油的完全燃烧。

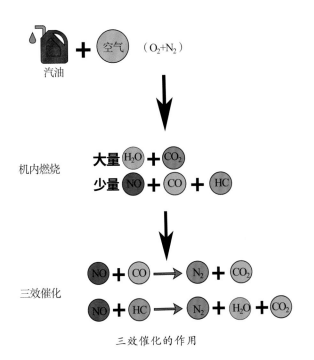

三效催化的作用

　　只有发动机的空气/燃料比在理论等当量比附近时,三效催化剂才能同时将尾气中的主要污染物一氧化碳(CO)、碳氢化合物(HC)和氮氧化物(NO_x)高效转化为无害的二氧化碳、水和氮气。

　　三效催化器由壳体和催化剂组成。其中催化剂由载体、涂层和催化活性组分组成,它是整个三效催化器的核心部分。

壳体一般为不锈钢板材，内侧有减振层，起到减振、保温和密封等作用。

催化剂载体主要有堇青石陶瓷蜂窝载体和金属蜂窝载体两种。

陶瓷蜂窝载体表面需要涂覆一层多孔性物质，以提高比表面积，有利于活性组分的负载。金属蜂窝载体通常采用刻蚀和氧化的方法在金属表面形成一层氧化物，然后在氧化物表面上浸渍具有催化活性的物质。

催化活性组分主要是贵金属铂（Pt）、铑（Rh）、钯（Pd）。铂（Pt）和钯（Pd）的主要作用是催化氧化一氧化碳和碳氢化合物；铑是控制氮氧化物的主要活性成分，能在较低温度下选择性地将氮氧化物还原为氮气。另外，选用如铈（Ce）、镧（La）等稀土元素或其他普通金属组分作为助催化剂，以提高活性、选择性和稳定性，同时降低催化剂成本。

3.4 柴油车尾气净化的"四大金刚"

我们在加油站里可以看到，除了可以给车加汽油、柴油之外，旁边还有一桶一桶用透明塑料桶装着的"柴油车尾气处理液"。要知道它的用途，还是先从柴油车的特点说起吧。

与汽油车相比，柴油车具有更高的燃油经济性，行驶动力大、安全性好、运行成本低。柴油机燃烧特征决定了柴油机采用的是稀燃方式，即空燃比大于理论等当量比。这样，尾气中的一氧化碳（CO）和碳氢化合物（HC）很少，主要是碳烟颗粒物（PM）和氮氧化物（NO_x），对人体健康和环境会造成严重的影响。

加油站不仅加汽柴油，还加尿素溶液

通过调节柴油机气缸内的燃烧温度，可以对颗粒物和氮氧化物的排放量产生一定影响：提高温度，颗粒物减少，但氮氧化物会增加；反之降低温度，则颗粒物增加，氮氧化物会适当减少。两者存在一个跷跷板的关系，所以无法通过机内调节控制达到环境排放要求。这样，只能采用后处理催化方法来解决了。

柴油车排放的颗粒物（PM）和氮氧化物（NO_x）存在跷跷板关系

柴油车，残留在我们记忆中的印象是冒黑烟、异味大。现在可不一样了，因为有了给我们把关废气的"四大金刚"：氧化催化器（DOC）、颗粒捕集器（DPF）、选择性催化还原器（SCR）和氨气捕集器（ASC）。下面我们来介绍这"四大金刚"的具体作用。

柴油车尾气净化的"四大金刚"

▶ 氧化催化器(DOC)

尾气排出后,首先经过氧化催化器(diesel oxidation catalyst, DOC),对柴油车尾气中的一氧化碳和碳氢化合物等污染物进行氧化消除,同时将部分一氧化氮转化为二氧化氮,提高二氧化氮在氮氧化物总量中的比例,有利于后续的"快速 SCR"反应进行。

DOC 技术是将含有铂、钯和铑等贵金属的催化剂涂覆在陶瓷或者金属材料的整体式蜂窝状载体上,并加入二氧化铈(CeO_2)或者二氧化锆(ZrO_2),通过催化氧化反应将发动机排气中的一氧化碳和碳氢化合物转化为二氧化碳和水。

▶ 颗粒捕集器(DPF)

接下来是颗粒捕集器(diesel particulate filter, DPF)。DPF一般采用耐高温的多孔陶瓷,内部有很多平行的轴向蜂窝,相邻的两个孔道内一个只有进口开放,另一个只有出口开放。排气从开放的进口孔道流入,通过多孔壁面至相邻孔道排出。颗粒物通过拦截、碰撞、扩散、重力沉降等方式被捕捉富集在载体的壁面内以及壁面上,从而实现颗粒排放物的捕集。

让尾气通过壁流式蜂窝陶瓷这样的结构设计是为了减小气流阻力，并将发动机排气中的碳烟颗粒物进行捕集，再通过燃烧的方式将碳烟颗粒物烧掉，达到消除碳烟的目的。如果不将DPF捕集的碳烟颗粒物及时去除，将会引起排气阻力增加，这不仅会增加油耗，还会严重影响发动机的性能，因此DPF的再生技术也是该项应用的关键。

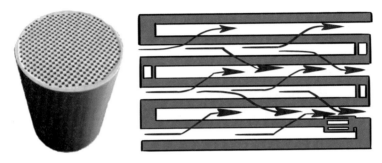

壁流式柴油机尾气过滤器的外形和内部通道结构示意图

再生技术分为主动再生和被动再生。主动再生是利用外部补充热源的方式保障燃烧，如采用发动机后喷射、燃料烧嘴、电加热等方法将碳烟颗粒物在高温下燃烧掉。被动再生则是利用添加剂或者催化剂来降低碳烟颗粒物的着火温度，使碳烟颗粒物在正常的发动机排气温度下着火燃烧。

随着对健康和环保的重视，燃油车排放标准也越来越严格。与此同时，为了满足当前实施的国家第六阶段机动车污染物排放标准，汽油车也需要进行颗粒物排放限制，新上市的汽车开始安装汽油颗粒物过滤器（gasoline particulate filter，GPF）。

GPF与DPF原理相同，但由于汽油车排放的颗粒物更加细

汽油车尾气中有很多肉眼看不见的细小颗粒物

小,为了有效捕获这些细小颗粒物,GPF 中的通气孔径就需要更小。一旦这些孔道被颗粒物堵上,排气背压增大,排气受到的阻力变大就会导致汽车动力下降,同时增大燃油消耗。因此当发现 GPF 指示灯报警时,应该尽快对其进行清理。

选择性催化还原器(SCR)

柴油车的 DFP 后面跟着的是选择性催化还原器(SCR),用于消除尾气中的氮氧化物。

前面我们讲过,与汽油车采用的理论空燃比不同,柴油车采用的是空气过量的稀燃方式工作,尾气中有大量过剩的氧气,一氧化碳和碳氢化合物很少,氮氧化物较多。因此,缺少足够还原氮氧化物所需的还原剂(一氧化碳和碳氢化合物),无法用汽车"三效催化"的策略实现对氮氧化物的有效去除。

能不能直接将氮氧化物直接催化分解为 N_2 和 O_2 呢?

从热力学上来看,$NO \rightarrow \frac{1}{2}N_2 + \frac{1}{2}O_2$,这个反应在标准状态

下的吉布斯自由焓变 $\Delta G = -86\ \text{kJ/mol}$，是一个可自发进行的下坡反应。

尽管这个反应的活化能很高（$364\ \text{kJ/mol}$），仍一度被视为最理想的氮氧化物净化方法。采用一些催化剂，就能降低反应活化能，促进氮氧化物的分解反应。虽然研究取得了不少进展，但还无法满足实际柴油机尾气排放的净化。

推不动啊！！！

NO$_x$中的N-O结合很牢固

如何将氮氧化物还原为氮气？

目前解决柴油车氮氧化物排放的有效方法是"选择性催化还原"。所谓选择性催化还原（SCR），是指在催化剂的作用和氧气存在的条件下，所用的还原剂选择优先与氮氧化物发生反应，而不易与尾气中的氧气发生反应。

人们发现氨气是很好的选择性氮氧化物还原剂，它不容易被氧气氧化，但容易与氮氧化物发生反应。

氨气直接使用起来不方便，也不安全，所以往往通过尿素水

解获得的氨气来进行反应。尿素分解为氨气和二氧化碳,其中的氨气随后与氮氧化物反应,生成氮气和水。反应式如下:

尿素分解

$$CH_4N_2O \longrightarrow NH_3 + HNCO(异氰酸)$$

$$HNCO + H_2O \longrightarrow NH_3 + CO_2$$

氨选择性还原 NO_x

$$2NH_3 + NO + NO_2 \longrightarrow 2N_2 + 3H_2O$$

现在,我们知道加油站里大桶的尿素液体的作用了。

SCR 催化剂的类型有贵金属催化剂、金属氧化物催化剂,以及分子筛催化剂等。所谓分子筛,指的是具有分子尺寸大小的孔道和空腔,能筛选分子的一类化合物,比如天然沸石以及现今大量人工合成出的各种分子筛。分子筛材料广泛用于催化剂或催化剂载体。

在 SCR 催化剂中,最早采用铂(Pt)、铑(Rh)、钯(Pd)等贵金属作为活性组分,用碳氢化合物等作为还原剂,反应活性温度在 300℃以下,活性温度窗口较窄,成本也较高。

另一类是金属氧化物催化剂,其中最典型的是钒基催化剂,以五氧化二钒(V_2O_5)为活性组分,将它负载于硅酸铝材料($Al_2O_3 - SiO_2$)和二氧化钛(TiO_2)等氧化物上。这类催化剂表面呈酸性,容易捕捉碱性的氨气并发生反应;工作温度相对较低,在 300~400℃之间。但是钒具有一定的毒性,目前已经被禁止用于内燃机车等移动源中。

近年来,研究者开发了一种新型小孔分子筛 Cu - SSZ - 13,它具有较宽的温度窗口,优异的催化活性、氮气选择性和水热稳定性等性能,已成功用于柴油车的氮氧化物的净化。

▶ 氨逃逸催化器(ASC)

最后一道关是氨逃逸催化器(ammonia slip catalyst,ASC)。在 SCR 的反应过程中,为了尽可能消除 NO_x,尿素喷射所产生的氨气往往是过量的,因此会造成一部分氨气来不及反应就逃逸出 SCR 单元,进入大气。为了消除其污染,通常在 SCR 单元的下游安放 ASC 单元,将逃逸的氨气催化氧化为氮气和水。

这样,通过以上四道门把关,柴油车实现了清洁排放。

3.5 催化助力未来新能源车

在"双碳"目标提升为国家战略的今天,新能源车发展已进入快车道。

2022 年北京冬奥会上的超千辆燃料电池车吸引了全球目光,包括来自丰田、吉利、北汽、宇通、福田等车企的公交车、小轿车、特种车等,并配备了 30 多个加氢站,是迄今为止全球最大规模的一次氢燃料电池汽车示范运营。

与传统燃油车比较,最大的不同是,燃料电池车用的燃料是氢能,燃烧产物只有水,既没有污染物,也没有温室气体(CO_2)产生。显然,上面所说的"三效催化剂"和"SCR"都不需要了。那么,燃料电池车是否就不需要催化剂了呢?答案是否定的。

燃料电池车的动力来自燃料电池堆的电化学反应:将氢能转化为电能。

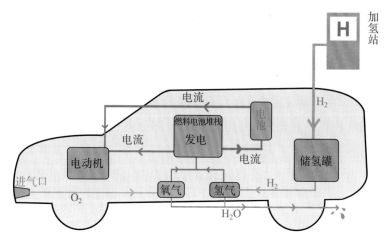

燃料电池车工作原理图

以质子交换膜燃料电池为例,发生的化学反应式为

$$H_2 + \frac{1}{2}O_2 \Longrightarrow H_2O$$

其中,在负极上的反应式为 $H_2 \longrightarrow 2H^+ + 2e^-$,在正极上的反应式为 $\frac{1}{2}O_2 + 2H^+ + 2e^- \longrightarrow H_2O$。

为了加快反应速度,在正负极上要有催化剂,通常是铂(Pt)。在负极,催化剂加速氢气发生氧化,产生质子;在正极,催化剂促进氧气与质子结合,发生还原反应,生成水。没有电极上的催化剂,就无法实现高效的电化学反应——将氢气的化学能高效转化为电能。

目前燃料电池电堆中使用的主流催化剂是铂基催化剂。尽管单个电堆中的铂基催化剂用量不大,但如果大规模生产燃料电池,铂基催化剂却几乎占整个电堆成本的40%。由于地球上铂资源的稀缺,昂贵的催化剂成为制约燃料电池产业大规模发展的主要因素之一。

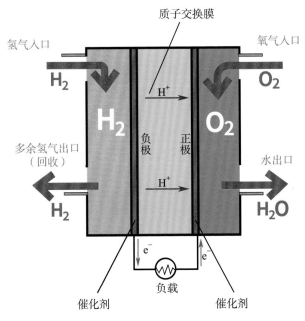

质子交换膜

氢气入口　　　　　　　　氧气入口

H_2　　　　　　　　　　O_2

H_2　　H^+　　O_2

负极　正极

多余氢气出口
（回收）　　　　　　　　　水出口

H_2　　H^+　　H_2O

e^-　　　　e^-

负载

催化剂　　　　　催化剂

燃料电池工作原理图

另外,燃料电池所需的氢能是二次能源,也就是说,在自然界中不存在游离氢(H_2),长远来看,必然是从取之不尽的水中获取氢能。但无论是正在进入产业化的电解水制氢还是未来可期的光(光电)解水制氢,都离不开催化剂。

让我们期待开发更加高效低成本的催化剂技术不断取得进展,进一步推动燃料电池新能源产业的蓬勃发展,为双碳战略目标的实现做出更大贡献。

第 **4** 章

从室内空气净化到大气污染治理

人类的生命活动一时一刻也离不开空气。成人每天至少需要 10~12 立方米的空气。室内是人们生活、工作和社交等的主要场所。在大多数人的一生中，90％以上的时间是在室内空间度过的。然而，大气空气质量的好坏，将直接影响室内空气质量。创造一个清洁和安全的大气环境和保证优良的室内空气环境，对保障人民生命健康具有重要意义。

4.1 室内空气为什么要净化

室内空气污染是指在封闭或半封闭空间内的空气中存在对人体健康有危害的物质并且浓度达到可以伤害到人体健康的程度。早在人类住进洞穴并在洞中点火烤食取暖的时期，就有了室内烟气污染。随着人类文明的高度发展，尤其是近几十年来，由于燃料等化石能源的消耗量增加，进入室内的化工产品和电器设备的种类和数量增多，新型合成材料在现代建筑中大量使用，厨房烹饪油烟以及人们室内的日常生活等，导致产生多种污染，甚至室内污染物的浓度高达室外的数倍以上。另外，为了建筑节能以及大型室内公共场所的建筑结构需要，当今建筑的密闭性增强且新风量减少，呼吸道传染病等病原体在室内传播风险增大，室内空气品质对人体健康产生了直接影响。

>> 室内建筑带来的污染

那么,室内空气污染是从哪儿来的呢？很多污染来自建筑物本身。

室内环境中的甲醛、苯、氨、总挥发性有机物(TVOC)主要来源于各种非天然的建筑材料,如：人造板材、涂料、胶黏剂等。这些物质在常温下就会释放出来,长期接触这些污染物会使人感到周身不适,出现头痛、眩晕、恶心等症状,对人的肺功能、肝功能及免疫功能等都会产生一定的影响。氡气主要来自无机建筑材料,比如有些天然大理石会有氡气释放。具有放射性的氡气进入人体后,对上呼吸道、肺部产生很强的内辐射,可引起肺癌。

建筑物本身带来的污染

　　因此,国家标准《民用建筑工程室内环境污染控制标准》(GB 50325—2020)对建筑工程验收的环境质量做了明确规定。

　　民用建筑工程包括Ⅰ类民用建筑工程和Ⅱ类民用建筑工程。Ⅰ类民用建筑工程主要指住宅、医院、老年建筑、幼儿园、学校教室等民用建筑工程;Ⅱ类民用建筑工程主要是指办公楼、商店、旅馆、文化娱乐场所、书店、图书馆、展览馆、体育馆、公共交通等候室、餐厅、理发店等民用建筑工程。

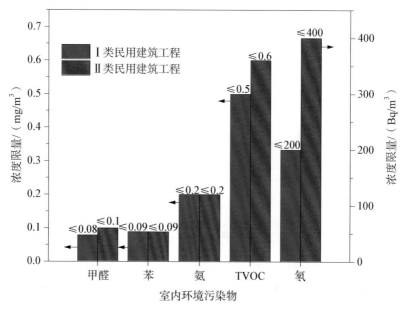

民用建筑工程室内环境污染物浓度限量

　　为了避免或减小室内污染对健康造成的危害,新建和新装修的房屋不要马上入住,应该让它多通通风。这些有害挥发物的释放与室温有关,温度越高释放越快,所以新装修的建筑物过个夏天,室内挥发性有机物污染会有明显减少。

》人的活动造成的污染

人在室内活动，由于自身代谢以及呼吸、咳嗽和喷嚏等行为可使含有病原体的飞沫进入室内空气，特别是在室内公共场所，容易造成微生物污染和传染病的发生。

烹饪产生的油烟和燃烧烟也是室内空气的主要污染源。我国的烹调方式以炒、炸、煮等为主，在烹调过程中，由于热分解作用产生大量有害物质，已经测定出的包括醛、酮、烃、脂肪酸、醇、芳香族化合物、杂环化合物等共计220多种。与西式和日式烹饪相比，中式烹饪还会产生更高的苯并芘致癌物。

烹饪中以煤、液化石油气或天然气做燃料，这些燃料燃烧过程中会产生PM2.5以及一氧化碳、二氧化硫等有害物质。

当然，室内空气质量与大气环境质量紧密关联，大气中的各种有害气态污染物和雾霾等对室内空气会造成直接影响。

人的活动带来的室内污染

4.2 室内空气净化方法

1915 年 4 月,在第一次世界大战中德方为了扭转不利的战局,出其不意地向英法军队集结的阵地上施放了毒气,英法联军蒙受重大损失。为了寻求对策,英法方面立即进行考察调查,他们惊奇地发现,阵地上大量野生动物,包括鸟类、蛙类以及昆虫,都中毒死亡。唯独当地的庞然大物——野猪,却安然无恙地活了下来。

防毒面具

经细致观察和分析,谜底揭开了:由于野猪用嘴拱地,松软的土壤颗粒吸附和过滤了毒气,使它们幸免于难。

科学家从中得到启示,根据泥土能滤毒的原理,选中了既能吸附有毒物质,又能使空气畅通的木炭,很快设计制造出世界上首批仿照野猪嘴形状的防毒面具。

1916 年 2 月下旬,在惨烈的凡尔登大战中,德军又重施故技。法军借助防毒面具,有效地抵御了德军的毒气攻击。这次战役是第一次世界大战的转折点,决定了德意志帝国从此逐步走向最后失败。

100 多年过去了,活性炭仍然在空气净化中发挥着重要作用。

》 吸附与拦截

在室内空气净化中,活性炭一直是用于吸附和去除室内有机挥发性气体和各种异味的主流净化材料。

用于净化空气的活性炭与普通民用木炭不同,它通过将有机原料(果壳、煤、木材等)在隔绝空气的条件下加热(热解)和炭化(减少非碳成分的过程)制作而成,具有发达的孔隙结构、较大的比表面积和丰富的表面化学基团,因此,对一些气体分子具有很强的吸附能力。

它有足够大的"肚子",能尽量多地吸附有害气体,而其充分的中孔、大孔结构,既能保障具有吸附作用的道路畅通,又能满足吸附和透气性的要求。

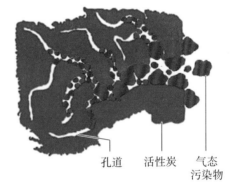

孔道　活性炭　气态污染物

活性炭的孔结构

活性炭因其外观形状、制备原料、制造方法及用途等不同而呈现多样性。按外部形状不同,活性炭通常分为粉末活性炭和颗粒活性炭。粉末活性炭多为木质活性炭,但因存在滤面易堵塞、粉末难分离等问题,用于空气净化的往往是颗粒活性炭。

颗粒活性炭按生产原料分为椰壳颗粒活性炭、煤质颗粒活性炭、果壳颗粒活性炭等。制备方法主要是将煤和椰壳等天然原料高温炭化,添加一定黏结剂压制而成。比表面积可达数百平方米/克(m^2/g)，甚至高达 $1\ 000\ \text{m}^2/\text{g}$ 及以上。

活性炭颗粒和活性炭过滤网

活性炭只能吸附空气中的有害气体。那么，空气中的有害颗粒物（特别是 PM2.5）如何净化呢？最常见的是采用高效颗粒空气过滤网（high efficiency particulate air filter，HEPA）。利用"活性炭吸附＋HEPA 拦截"净化空气，是目前主流空气净化器产品的常用技术。

HEPA 由非常细小的有机或无机纤维交织而成，对微粒的捕捉能力较强，孔径微小，吸附容量大，净化效率高。为了降低阻力和增大容尘量，HEPA 往往做成多层折叠形式。

采用 HEPA 去除颗粒物高效便捷，是去除空气中颗粒污染物的最主要技术之一。但缺点是，如果要达到 HEPA 对细小颗粒物的高效去除的话，就需要滤网结构更致密，它的风阻也相对比较大，这就要求空气净化器有良好的气密设计，否则空气会绕过滤网而失去过滤效果；同时还要考虑风阻大了，噪声也大了，风机的耗能也大了的问题。

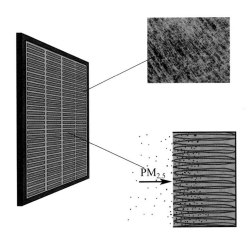

高效颗粒空气过滤网（HEPA）

　　通过 HEPA 过滤 PM$_{2.5}$ 等颗粒物,再利用活性炭吸附挥发性有机物和异味等,因此这种净化器可以快速地净化室内空气中的多种污染物。

　　当然,我们自然会想到,拦截的颗粒物多了,就会将 HEPA 的孔隙填满,发生气流受阻,活性炭也会因吸附有害气体达到饱和。这不仅会失去净化作用,被捕集和吸附的污染物还会滋生细菌并外溢,造成二次污染。因此,用这种空气净化器,一定要记得定时维护和更换。

》 紫外线和臭氧

　　太阳发射出的电磁波,包括我们肉眼可见的光和不可见的光。可见光的波长范围为 400～780 纳米,包含红、橙、黄、绿、蓝、靛、紫的七色彩虹光。波长为 10～400 纳米的称为紫外光,它又可分为 A 射线、B 射线和 C 射线(分别简称为 UVA、UVB

和 UVC)和真空紫外 4 种：

UVA：315～400 纳米，可透过云层和窗户玻璃射入人的肌肤。

UVB：280～315 纳米，可对室外活动的人造成皮肤伤害。

UVC：200～280 纳米，由于臭氧层的吸收，地球表面几乎没有 UVC；UVC 能够穿透微生物和人类细胞并对 DNA 造成损伤，能有效杀菌。

真空紫外：10～200 纳米，可被大气层吸收，因而在空气中不存在。

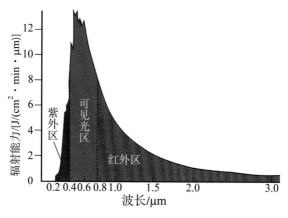

太阳光的波长分布

人们一般将具有 UVC 波段的紫外灯管用于杀菌消毒，它的原理主要是通过对微生物（细菌、病毒、芽孢等病原体）的辐射损伤和破坏核酸的功能杀死微生物，从而达到消毒的目的。需要注意的是，紫外灯管必须安装在机器内部，避免紫外光直接照射到人体，造成眼睛和皮肤的损伤。

另外还应注意,紫外灯管会产生臭氧,形成原理是紫外线能够分解氧气分子(O_2),生成的氧原子(O)和氧气反应生成臭氧(O_3)。一般来说,波长小于 200 纳米的紫外线能被空气中的氧气吸收并反应生成臭氧。

臭氧是一种灭菌解毒氧化剂,可分解有机污染物,快速杀灭各种病毒和细菌。但臭氧所具有的强氧化作用,也会对人产生伤害,加速物体表面老化,甚至可能杀灭人体白细胞,有导致癌变的风险,因此一般不用于家用空气净化产品,当用臭氧杀菌消毒时需要人员回避。

但臭氧在空气中也会渐渐分解为氧气,只要定时处理完等待一段时间后,便没有任何化学残留物质,无须做进一步处理。臭氧具有鱼腥味,这也为我们鉴别有无臭氧污染带来了方便。

紫外灯和臭氧用于杀菌消毒,两者在一定的程度上可以相互代替,如对室内空气进行消毒。但有些地方不太适合,如家用的饮用水可以用臭氧,却难以用紫外线来杀菌。使用紫外灯时一定要注意,不能让紫外灯照射到人,特别是眼睛;而使用臭氧时也应确保,无臭氧状态时人方可进入。

❱❱ 催化净化

利用催化氧化反应,将空气中的甲醛等有害挥发性气体分解为无害物质,是近些年来备受关注的净化技术。

甲醛($HCHO$)是大家普遍关注的室内主要污染物之一,室内装修常用的板材、油漆、地毯、壁纸等大多含有甲醛。世界卫生组织国际癌症研究机构公布的致癌物清单中,将甲醛列入一类致癌物中。

将一些贵金属（金、铑、钯、铂等）负载于 TiO_2 等多孔材料上获得的催化剂可以在常温下催化氧化甲醛的活性，室温下就能完全催化氧化甲醛为水和二氧化碳。显而易见，此类催化剂的催化净化就不存在活性炭吸附的饱和性问题。

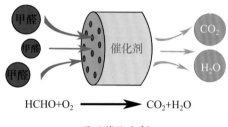

$$HCHO+O_2 \longrightarrow CO_2+H_2O$$

甲醛催化分解

从前面的催化知识我们知道，有机物氧化分解是一个下坡反应（具有自发反应趋势），催化剂通过降低该反应的活化能加快反应速度。但是，不同的有机化合物分解反应的活化能是不一样的。甲醛能在室温下催化分解，但是具有更稳定分子结构的苯系物[1]等化合物，其分解反应所需要克服的活化能更高，往往需要加热到一定温度才能使催化反应发生，实现氧化分解。

温度和反应速度之间的关系，可以用下面的阿伦尼乌斯方程来表示：

$$k = Ae^{-E_a/RT}$$

式中，k 是反应速度常数，可以反映反应速度的相对大小；A 为指前因子，也称频率因子；E_a 是反应活化能；T 是反应温度；R 为摩尔气体常量。可以看出，如果 E_a 较大，就需要在更高的温度

---

① 苯系物是指苯、甲苯、乙苯、二甲苯等芳香族有机化合物。

下才能达到相同的反应速度。

采取加温的方式实现室内空气中污染物净化显然是不合适的，通过开发能进一步降低反应活化能的新型催化剂，才是未来的发展方向。

▶ 静电和等离子体

高压静电除尘装置通过在除尘装置上施加高电压产生强电场使气体电离，即产生电晕放电，进而使粉尘荷电，荷电粒子在电场力的作用下向电极运动，将粉尘吸附在除尘装置上从而达到从气体中分离粉尘的目的。相比前面介绍的高效颗粒空气过滤网，这种装置不仅气流阻力小，还可以在放电过程中杀死细菌和病毒。

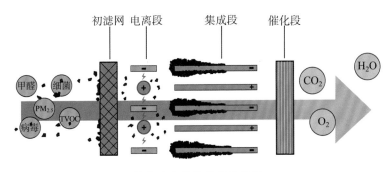

初滤网　电离段　　集成段　　　催化段

静电除尘净化原理示意图

等离子体通过高压、高频脉冲放电形成非对称等离子体电场，使空气中大量等离子体之间逐级撞击，产生电化学反应，对有毒有害气体及活体病毒、细菌等进行快速降解，从而高效杀毒、灭菌、去异味、消烟、除尘。

无论是高压静电还是等离子体，都是高压离子技术，在工作

过程中可能会产生臭氧等副产物，这是务必要注意的。

4.3　不要污染要清新

我们已经有了基本的卫生常识：仅仅靠净化器对室内空气污染物的净化是不够的，必须要保持室内空气新鲜。我们常说，要经常开窗通风，就是这个道理。

》室内需要新风

室内通风有利于保持室内空气新鲜。大气中的二氧化碳含量很低，仅有 0.04％，但在室内就不一样了。正常人每分钟呼吸 16～18 次，在呼出的气体中二氧化碳占 4％。如果在相对不通风的室内聚集人员较多，二氧化碳浓度就会不断上升。二氧化碳是一种窒息剂，能引起人的不适和窒息的感觉。如果二氧化碳的含量超过 1.5％，人的呼吸就会困难，学习和工作效率下降；超过 3％，会引起头痛、耳鸣、恶心；超过 6％，会导致昏迷和死亡。

室内通风还能减少环境细菌数量。一些病菌在阴暗潮湿的环境中非常活跃，但是一到空气流通的环境中就弱不禁风了。为了阻断诸如新冠肺炎等呼吸道传染病的传播，室内通风是基本要求。

》新风系统

室内如何通风？敞开窗户，有了新鲜空气进入的同时，外面的污染物也会随之进来。因此，近年来用于室内空气净化的新风系统应运而生。

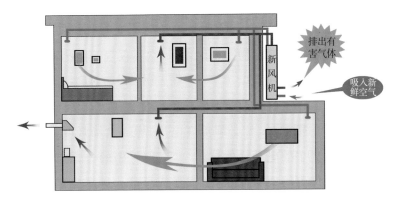

排出有害气体

吸入新鲜空气

新风机

新风系统

特别是,涉及工作、学习、社交、娱乐、医疗等公众场所,人员相对密集,接触相对频繁,且流动性大,易引起疾病(尤其是呼吸道等传染病)的传播。在国家标准《公共场所卫生指标及限值要求》(GB 37488—2019)规定的公共场所卫生强制性指标要求中,除了对甲醛、苯、总挥发性有机物(TVOC)以及颗粒物(PM)等外,还明确了对新风量的要求。

≫ 静电催化耦合净化

为了防止大气中的 $PM_{2.5}$ 等污染物进入室内,需要在新风入口安装净化装置,如前面所说的高效颗粒空气过滤网(HEPA)是个有效的选择。但是,它也有几个明显的不足:

(1)高效去除 $PM_{2.5}$ 的 HEPA 往往风阻大,随着捕集的颗粒物增加,风阻也随着增大。这样一来,引风机的耗能也增加,噪声会变大;

（2）HEPA 不具有杀菌消毒功能，长期聚集在 HEPA 上未清理的污染物容易滋生细菌等，造成二次污染。

除了采用 HEPA 外，还有另外一种空气净化方法，就是利用高压静电装置捕集颗粒物。相比之下，它不仅气流阻力小，而且还可以杀死细菌和病毒。

我们知道，颗粒物越小，对人体健康危害越大。为了能更高效地捕集细小颗粒物，就必须提高电压，增强电场强度，让细小颗粒物带上更多的电荷。但这样一来，空气中的一部分氧气分子也会被激活离解成氧原子，进而形成臭氧。臭氧也是当前大气中的主要污染物之一，危害健康。

一些金属氧化物，比如二氧化锰（MnO_2），四氧化三钴（Co_3O_4）和氧化铜（CuO）等都具有室温下有效分解臭氧的催化特性。那么，能不能利用臭氧的氧化性能在室温下帮助去除诸如甲醛、苯等有害物以及空气中的一些异味呢？

研究表明，如果没有催化剂，臭氧只在很高浓度并持续作用较长时间时才具有氧化某些有机物和杀菌的作用。

然而，在催化剂作用下情况就不同了。臭氧和空气中的水蒸气在催化剂的作用下会形成羟自由基：

$$O_3 \longrightarrow O_2 + O^*, O^* + H_2O \longrightarrow 2 \cdot OH$$

反应式中，O^* 表示活性氧原子，$\cdot OH$ 表示羟自由基。

从下图可以看出，相较常见的氧化剂，羟自由基的氧化还原电位最高。氧化还原电位越高，意味着氧化性能越强。具有如此强氧化性能的羟自由基，几乎可以氧化分解所有的有机物。

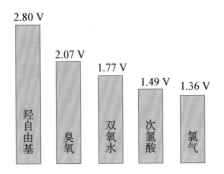

各种氧化剂的氧化还原电位比较

这样，当空气中同时有颗粒物和甲醛等有害气体时，利用静电和催化耦合的新风系统，就能发挥如下作用：

（1）静电器用于捕集颗粒物；

（2）来自静电释放的臭氧以及大气中的臭氧，在催化剂作用下产生羟自由基（·OH），氧化分解空气中有害气体，实现臭氧和有害气体的同时去除。

羟自由基（·OH）在催化剂表面生成，寿命很短，所以也就无须担心它对人体和环境的影响了。也就是说，用这样的方式净化空气，比喷洒次氯酸等液体消毒剂更安全。

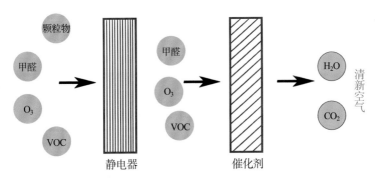

静电催化耦合净化空气

可见，无论是大气中的臭氧还是高压静电产生的臭氧，都是污染物，但是在催化剂的作用下，不仅臭氧本身能被去除，而且还能增强对空气中甲醛和其他散发异味的有害气体的去除，可谓"一箭双雕"，甚至可以说是"化敌为友"。

采用新风系统必然是有户外新风进来，室内空气排出，容易导致冬冷夏热，该怎么处理呢？在新风系统的进风、出风之间可配置一个热交换器。另外，净化系统往往集新风和循环风净化于一体，增强净化效果的同时也降低能耗。

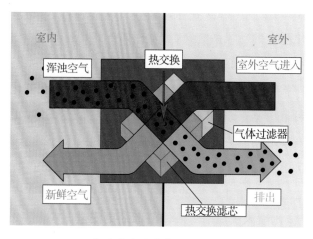

新风系统的热交换原理图

4.4 净化工业排放污染

工业过程中经常会有氮氧化物（NO_x）和挥发性有机物（VOC）的排放，这些污染物不仅直接影响人的健康，也是大气雾霾的主要成因。

>> 消除氮氧化物

许多工业过程都是在一定高温下进行的,比如:热电厂、工业锅炉、建材、化工、垃圾焚烧等。这些工业过程中的燃烧温度往往比较高,这样,空气中的氧气不仅仅作为燃料的助燃剂,也会与空气中的氮气直接发生反应,产生氮氧化物。氮氧化物也因此成为空气气氛中高温燃烧的必然产物。氮氧化物不仅是形成光化学烟雾和酸雨的一个重要因素,它还具有毒性,使人体输氧能力下降,对中枢神经造成危害。

消除燃烧排放烟气中的氮氧化物,也叫作烟气脱硝技术。工业烟气一般都是富氧状态,目前应用最为广泛的烟气脱硝技术是选择性催化还原(SCR)技术,其基本原理和方法与前一章介绍的柴油机尾气的 SCR 技术大致相同,直接利用氨气或利用尿素分解获得的氨气,将氮氧化物还原为氮气。

影响这个反应的一个重要因素是温度。如果温度过高,氨气自身可能被氧化,甚至生成一些氮氧化物;当温度偏低时,会生成呈白色烟雾状的硝酸铵(NH_4NO_3)和亚硝酸铵(NH_4NO_2),堵塞管道,甚至会引起爆炸! 一般 SCR 操作温度控制在 $200\sim$ $450\,^{\circ}\mathrm{C}$,这个温度范围称为温度操作窗口。

当前发电厂的 SCR 系统采用较多的是 V_2O_5 - WO_3/TiO_2 催化剂,以锐钛矿结构的二氧化钛(TiO_2)作为载体,能提高五氧化二钒(V_2O_5)的分散度,具有一定的抗硫性能;三氧化钨(WO_3)的主要作用是增加催化剂的活性和稳定性。各组分的比例如下:五氧化二钒占比在 1% 以内,三氧化钨占比在 10% 左右,其余是二氧化钛。通过一次性挤出成型可获得工业所需的整体催化剂。

催化剂载体和涂覆催化组分的整体式催化剂

$V_2O_5 - WO_3/TiO_2$ 催化剂具有较高的脱硝活性和抗硫抗水中毒能力,但钒有一定的毒性,钒基催化剂在使用中会发生部分脱落,进入环境中产生生物毒性。因此,目前在研发一些对环境和人体健康无害的 SCR 催化剂,比如 CeO_2/TiO_2、$WO_3/CeO_2 - ZrO_2$ 等,以取代传统的钒基催化剂体系。另外,这类催化反应的操作温度较高,只有将其放在空气预热器、除尘器和脱硫床之前才能满足所需的反应温度,而在这里的飞灰和二氧化硫等会造成催化剂的堵塞和中毒,影响使用寿命。

因此,最好是将催化剂放在空气预热器、除尘器和脱硫床之后,这就需要开发低温型催化剂了。低温型 SCR 催化剂主要有锰基氧化物和铜基分子筛等。

>> 挥发性有机物催化燃烧

工业排放到大气中的还有另一类主要污染物——挥发性有

机物（VOC）。它们主要来自油漆涂料、橡胶加工、塑料加工、树脂加工、皮革加工、绝缘材料、金属电镀、纺织、造纸印刷工业等部门的生产过程中。挥发性有机物会造成人体中枢神经受损等，严重危害健康；如果排入大气，还会在阳光照射下与氮氧化物发生光化学反应，形成光化学烟雾，产生更严重的污染危害。

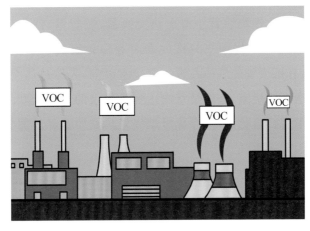

大气中挥发性有机物的来源

那么，挥发性有机物应如何消除呢？最有效的方法之一是，将它完全燃烧，变成二氧化碳和水。

为了减少能量浪费，工业排气过程中往往进行热量回收，这样排放的气体温度一般都比较低，另外通常废气中挥发性有机物浓度也比较低，这是不利于燃烧的。在催化剂作用下使有机废气在温度较低的条件下氧化的技术，叫作催化燃烧。

通过催化剂可降低有机废气燃烧的活化能，从而降低起燃温度，减少能耗，节约燃烧成本。

另外，催化燃烧没有明火，温度较低，不会有氮氧化物生成，因此也更为安全和环保。

具有催化活性的材料一般是金属或金属氧化物。其中贵金属催化剂主要有铂、钯和钌等，普通金属催化剂主要有铜、铬、镍、钒、锰、铁、钴等金属及其氧化物。催化载体采用多孔材料，主要作用是使活性材料具有大的比表面积，有金属载体、陶瓷载体和碳纤维载体等。

一般催化燃烧装置主要由热交换器、燃烧室、催化反应器、热回收系统和净化烟气的排放烟囱等部分组成。净化过程如下：含有有机废气的气体在进入燃烧室以前，先经过热交换器被预热后送至燃烧室，在燃烧室内达到所要求的反应温度，在催化反应器中进行氧化反应，净化后烟气经热交换器释放部分热量，再由烟囱排入大气。

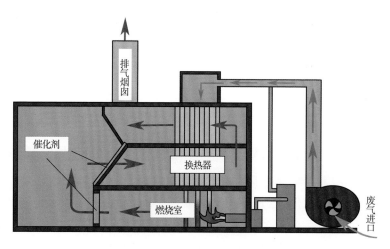

催化燃烧一般工艺流程

⟫ 带"转轮"的催化燃烧净化系统

为了满足低能耗高效率的净化要求，近年来，一种"吸附浓缩＋催化燃烧"的新技术得到推广和应用。该技术主要由分子筛转轮和催化氧化设备等组成，实现"吸附—脱附—净化"连续一体化。

转轮为蜂窝状结构，分为 3 个区域：气体吸附区、冷却区和脱附再生区，在一个电机带动下旋转。

具体处理过程是这样的：大风量、低浓度的有机废气在引风机作用下经过高效过滤器过滤，然后进入沸石转轮被吸附和浓缩，转轮吸附材料由可吸附挥发性有机物的疏水性分子筛制成。被吸附净化后的干净空气通过烟囱排入大气。

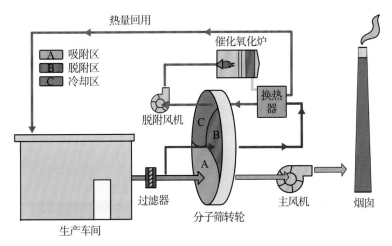

催化净化和能量回收的工艺过程示意图

随着时间延长，沸石转轮吸附能力接近饱和，电控系统控制催化氧化炉开始加热，对脱附后的高浓度有机废气进行氧化处理，有机废气被氧化分解成二氧化碳和水，达到净化的目的。同时，形成的高温烟气再经换热器降温或混风调节到200℃左右，对吸附饱和的沸石转轮进行加热脱附，实现对转轮的再生。净化后的空气经烟囱实现高空排放。

另外，如果排放的有机废气浓度较高，并且具有较高的经济价值，可以经吸附浓缩后回收和再利用。

无论是有机废气的浓缩回收，还是废气燃烧余热的利用，都有利于碳减排。

第 5 章
催化的"点石成金"术

　　黄金是永久不变和富有的象征。正因为黄金的"高贵"和稀缺，人们总是希望通过什么方法得到更多的黄金。科学已证明，地球上各种元素原子的总量保持不变，这也就意味着不可能从不含有金原子的其他物质中制造出金子来。"点石成金"的成语，只能存在于神话故事中。

　　然而，地球上还有另一种"金子"——石油，这种蕴藏在地深处的黑褐色黏稠性油状物，之所以有"黑色的金子"的美称，的确应归功于催化的"点石成金"之术。

5.1　"点石成金"梦

　　"点石成金"，出自我国神话故事，说的是仙人用手指头一点使石头变成金子。

　　传说晋朝的旌阳县曾有过一个道术高深的县令，叫许逊。他能施符作法，替人驱鬼治病，百姓们见他像仙人一样神，就称他为"许真君"。一次，由于年成不好，农民缴不起赋税。许逊便叫大家把石头挑来，然后施展法术，用手指一点，使石头都变成了金子，这些金子补足了百姓们拖欠的赋税。"点石成金"也作为成语流传至今。

▶▶ 炼丹术与炼金术

　　早期人类对自然界的认识还很有限，人们看到木材燃烧以

点石成金典故

后就只剩下很少的灰烬,好像物质被火带走了。反之,一颗很小的幼苗,却能长成参天大树,好像物质能够从无到有。

我国在两千多年前的战国时期出现了"炼丹术士",他们一是企图把矿物、金属或某些植物炼成"长生药";二是企图把普通金属炼成黄金、白银等贵金属。

尽管炼丹没有获得过真正的成功,但在长期的炼丹活动中,历代的炼丹家们观察到许多物质的化学反应,认识了许多物质的性质,积累了丰富的有关化学、冶金、药物等方面的知识,也取得了一些重要成就。

据说,公元 8 世纪中叶,一位叫李玹(也叫李四郎)的波斯化学家在我国四川学习炼丹术。之后,这些炼丹者便通过商贸渠

炼丹家们观察到许多物质的化学反应

炼丹术是荒唐的,但对化学发展有重要贡献

道,把药材、炼制的丹药和炼丹术传入阿拉伯,并将炼丹术称为炼金术。这样我们就明白了,为什么"炼丹术"和"炼金术"的英文单词都是"alchemy"的原因了。

"炼丹术"一词在阿拉伯文中是 al-kimiya,其中的 kim 是中国炼丹术著作《抱朴子·金丹篇》中所说"金波"一词中"金"字的音译。后来,欧洲人把 al-kimiya 这个词变成了 al-chemy,他们把"炼金术士"叫作 al-chemist。chemist 就是后来我们所说的化学家,炼丹术和炼金术作为化学学科的哲学始祖慢慢演变成了化学(chemistry)这一学科。由此可见,中国的炼丹术与现代化学存在着源流关系。

为追求长生不老的药,炼丹家将含有硫黄、硝石成分的丹砂置于火炉中炼烧,不料却发明了火药。唐代"药王"孙思邈在他的《丹经》一书中,第一次把火药的配方记录下来。我国发明的火药和火药武器,在 13 世纪传入阿拉伯,14 世纪由阿拉伯传入欧洲。有了火药,后来才有了火箭。火药的西传对后世化学的兴起和发展产生了巨大影响。

现在,我们已经知道,整个宇宙万物都是由 90 多种元素组成的。这些元素有些以单质的形式存在,有些形成了各种各样的化合物,但是不管以什么形态存在,地球上各种元素原子的总量保持不变,原子是构成物质的最小微粒。这也就意味着不可能从不含有金原子的其他物质中制造出金子来。

》 黑色的"金子"

最早发现石油的记录源于《易经》:"泽中有火""上火下泽"。这是对石油蒸气在湖泊池沼水面上起火现象的描述。

最早给石油以科学命名的是我国宋代著名科学家沈括,他在《梦溪笔谈》里写到:"石油至多,生于地中无穷",并预言"此物后必大行于世"。

此物后必大行于世

北宋科学家沈括(1031—1095)

正像沈括所预言的那样，今天，石油不仅为汽油机、柴油机、航空发动机等动力装置提供所必需的燃料，成为当前重要的一次能源，由其制得的合成纤维、合成橡胶、塑料、农药、化肥、医药、油漆、洗涤剂等石油衍生产品也被广泛应用于农业、工业、国防、交通等国民经济的方方面面，为人们的衣食住行日常生活提供丰富多彩的必需品。

石油是古代海洋或湖泊中的生物经过漫长的演化形成的生物沉积物，是一种黑褐色，具有特殊气味的黏稠性油状液体。它之所以被誉为"黑色金子"，应归功于催化的"点石成金"之术。

5.2　石油炼制中的催化

储藏在地球中的石油是一个多组分的复杂混合物，主要由碳和氢元素组成，还有微量硫、氮等元素。组成石油的分子大大小小，结构也很复杂，因此沸点范围很宽，可从常温一直到500℃以上。

≫ 石油炼制主要过程

对石油进行加工利用，首先是对石油进行分馏。分馏就是利用石油中不同组分沸点的差别将石油"切割"成若干"馏分"，例如<200℃的馏分，200～350℃的馏分等等，得到各种馏分油，能作为汽油、煤油、柴油等轻质油品利用的仅仅是其中一小部分，更多的是重质馏分和残渣油。要得到更高价值的轻质油品，就要进行石油炼制。

名称	主要组成和特性	近似沸点/℃
液化石油气	C_4 烃和一些 C_3 烃	低于 0
汽油	$C_5 \sim C_9$（富芳烃）	30～160
煤油	$C_{10} \sim C_{15}$（富烷烃）	150～270
柴油	$C_{10} \sim C_{18}$（富烷烃）	260～360
润滑油	$C_{20} \sim C_{10}$（无芳烃和烷烃）	300～550

在石油炼制中，有三个重要催化反应：催化裂化、催化加氢和催化重整。在这三种加工过程中，催化剂的作用可分别比喻为"石头、剪刀、布"。

>> 催化裂化

我们知道，重质油和轻质油的根本区别在于构成其分子结构的大小，只要把大分子变成小分子，重质油就转化为轻质油了。在这里，催化剂就好比石头，将大分子"砸"成小分子。用催化专业术语说，叫作催化裂化，其目的就是将原油蒸馏后得到的重质馏分油或渣油转化为更有价值的汽油、烯烃气体和其他产品。

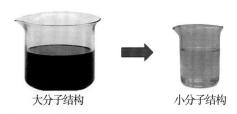

大分子结构　　　　　　　小分子结构

催化裂化是将石油中的大分子结构裂解为小分子结构

我们来看看几个典型的催化裂化反应吧：7 个碳原子构成的庚烷裂化为 4 个碳的丁烷和 3 个碳的丙烯；10 个碳的异丁基苯

变成 6 个碳的苯和 4 个碳的异丁烯。催化裂解往往在结合力最弱的 C—C 键上发生,断裂使大分子变成小分子。

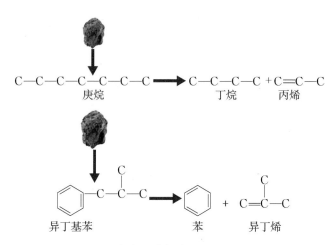

大分子裂解为小分子

在催化裂化反应中,最常用的催化剂是由 SiO_2/Al_2O_3 摩尔比大于 3.0 的 Y 型分子筛。这类分子筛本身并不活泼,需要通过钠、稀土元素或铵离子(NH_4^+)的交换等手段制得催化剂。

有资料表明:我国车用汽油中 70%～80% 来自催化裂化汽油;柴油产量的 30% 以上来自催化裂化。

分子结构

粉体外观

颗粒外观

Y 型分子筛

>> 催化加氢

催化加氢中,催化剂像一把剪刀,有两个作用。

第一个作用是加氢催化裂化。在催化剂和氢气共存条件下,将大分子"剪"成小分子,使重质油通过裂化等反应转化为汽油、煤油、柴油等轻质油品。那么,与前面的不加氢的催化裂化比较有什么优点呢? 加氢催化裂化可抑制催化裂化时发生的脱氢缩合反应,避免焦炭的生成,提高油品的品质和收率。

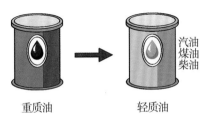

重质油   轻质油

催化加氢能把重质油变成轻质油

这把"剪刀"的另一个作用是剔除油品中的杂质。油品中的主要杂质元素有硫、氮、氧等。

燃料燃烧过程中,硫和氮分别以硫氧化物和氮氧化物形式释放出来,会引起酸雨和光化学污染等环境问题;油品中的氧含量则会影响油品的热值和稳定性。

通过加氢催化反应,将分子结构中所含的硫、氮、氧等元素剔除,转变为气态硫化氢(H_2S)、氨气(NH_3)和水(H_2O)等加以去除,从而改善油品的气味、颜色组成和稳定性,进一步提高油品质量,满足对油品的环保使用要求。

$$\text{（二苯并噻吩）} + 2H_2 \longrightarrow \text{（联苯）} + H_2S \uparrow$$

$$\text{（吡啶）} + 5H_2 \longrightarrow C_5H_{12} + NH_3 \uparrow$$

$$\text{（苯酚）} + H_2 \longrightarrow \text{（环己烷）} + H_2O \uparrow$$

催化加氢去除杂质

》 催化重整

催化重整指的是在催化剂作用的条件下,对汽油馏分中的烃类分子结构进行重新排列,形成新的分子结构的过程。也就是说,将分子结构中的原子重新布置。因此,第三种神器的"布",在这里是布置的"布",布局的"布"。

人们常常在加油站可看见各种汽油标号,那么汽油标号代表什么呢? 它是一种汽油抗爆性指标。

汽油有不同标号

如果汽油在气缸内燃烧爆震，会损失能量、浪费燃料、损坏汽缸。严重的话，你坐在车里还会听到爆震声，感到不舒服。爆震现象与汽油的化学组成有关，人们把衡量爆震程度大小的汽油标准叫作辛烷值，把正庚烷的辛烷值定为 0，异辛烷的辛烷值定为 100。

汽油标号越高，抗爆性能就越强。当然，在选择汽油标号时，还得根据不同汽车引擎的压缩比挑选。引擎压缩比高的汽车，就要配标号高的汽油。

催化重整是提高辛烷值的重要手段。比如，将直链的正辛烷转化为异辛烷，其辛烷值则从－10 提高到 100。

$$CH_3-CH_2-CH_2-CH_2-CH_2-CH_2-CH_2-CH_3 \Rightarrow CH_3-\overset{\overset{\displaystyle CH_3}{|}}{\underset{\underset{\displaystyle CH_3}{|}}{C}}-CH_2-\overset{\overset{\displaystyle CH_3}{|}}{CH}-CH_3$$

正辛烷　　　　　　　　　　　　　　　　　　异辛烷

辛烷值

－10 ————————————————→ 100

通过催化重整，还可以将烷烃环化脱氢，从正己烷到环己烷，到苯，其辛烷值则从 25 提高到 97，到 115。

$$n\text{-}C_6H_{14} \underset{}{\overset{-H_2}{\rightleftharpoons}} \bigcirc \rightleftharpoons \bigcirc +3H_2$$

正己烷　　　　　环己烷　　　　　苯　　氢
　25　　　　　　　25　　　　　　115

辛烷值

汽油的辛烷值越高，可设计的气缸压缩比就可以越大，因而功率更大，耗油量更小。

如果炼油厂生产的汽油的辛烷值不断提高，则汽车制造厂可随之提高发动机的压缩比，这样既可提高发动机功率，增加行

车里程数,又可节约燃料,对提高汽油的动力经济性能和降低碳排放具有重要意义。

压缩比	耗油量/%	功率/%	辛烷值
6	100	100	66
7	93	108	70~75
8	88	114	85~88
9	85	118	92
10	82	120	98

5.3 催化能使煤"变"油

我国总的能源特征是"富煤、贫油、少气",煤炭在我国石化能源总储量中居于首位,高达90%,而石油和天然气储量总共不到10%。因此,我国的对外石油依存度很高。如果将煤炭变成石油,对实现煤炭清洁高效利用和优化能源结构都具有重要意义。

≫ 煤炭和石油的区别

地球上大部分的煤都起源于树木、蕨类植物和其他热带森林植物,由于当时地球上的微生物无法分解木质素,经过不断的地质变迁之后,这些物质会在一定温度和压力下逐渐炭化,最终形成了固状的煤炭。煤与石油在化学组成和分子结构方面有相似之处,主要都是由碳、氢元素所组成,但其含量各不相同。煤与石油相比,氢含量低,氧含量高,H/C 原子比低,O/C 原子比高。如果创造适宜的条件使煤的相对分子质量变小,提高产物的 H/C 原子比,就有可能将煤转化为液体燃料油。

性质	石油	煤炭
主要元素组成	C、H	C、H
含氢量	较高	较低
含氧量	较低	较高
H/C	较高	较低
相对分子质量	较小	较大

≫ 煤的直接液化

将煤转化为油品,有两种途径:一种是直接液化,另一种是间接液化。

最早发明煤炭直接液化方法的是德国化学家弗里德里希·贝吉乌斯,所以该方法也称为贝吉乌斯法。主要工艺过程如下:先将煤与原油混合成糊状物,然后在 200 大气压下,借助催化剂进行加氢反应。因为对煤炭直接液化技术发明的贡献,贝吉乌斯于 1931 年获得诺贝尔化学奖。

煤炭直接液化用的催化剂包括铁系催化剂,以及其他金属氧化物和金属卤化物催化剂。

在催化作用下,可以使相对分子质量为 5 000～10 000 的煤裂解为相对分子质量为 200 以下的油品,还提高了 H/C 比,由原来的 0.8 提高到 1.9 左右,燃烧排放的温室气体二氧化碳少了;另外,还可以从油品中脱除硫、氮、氧等杂质,纯化燃料,减少污染物排放。

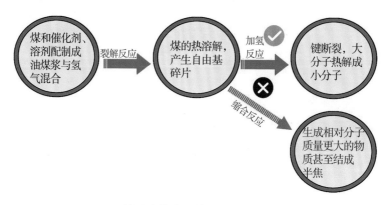

煤的直接液化催化反应过程

煤的直接液化催化反应过程大致是这样的:首先将煤和溶剂、催化剂配制成油煤浆与氢气混合后,经泵送入直接液化反应器进行煤直接液化反应,煤浆在反应器中首先进行煤的热溶解;随着温度升高,加氢催化反应开始,煤中一些弱化学键首先发生断裂,煤的大分子结构发生热分解反应,形成相对反应活性很高的自由基碎片。这些自由基从供氢溶剂、溶解氢气和煤的母体中获得氢原子并稳定下来,形成相对分子质量分布很宽的产物,包括沥青烯等中间产物和相对分子质量较小的油或气体分子。

如果自由基碎片不能及时得到氢原子,自由基就会相互结合生成相对分子质量更大的物质甚至结成半焦。这是需要尽量避免的。

>> **煤的间接液化**

间接液化方法是,先将煤气化为合成气($CO+H_2$)。合成气在脱除硫、氮和氧得到净化之后,经水煤气反应,使 H_2/CO 比调整到合适值,再经费托催化反应合成液体燃料,如汽油、柴油、甲醇等。

煤的间接液化

煤炭气化指在一定温度、压力下,用气化剂对煤进行热化学加工,将煤中有机质转变为煤气的过程。主要以煤、半焦或焦炭为原料,以空气、富氧、水蒸气、二氧化碳或氢气为气化介质,使煤经过部分氧化和还原反应,将其从以碳、氢等物质为主要组分转化成为一氧化碳、氢、甲烷等可燃组分为主的气体产物。

在间接液化法中,其核心技术是费托合成,是以合成气为原料,在催化剂和适当条件下合成液态的烃或其他碳氢化合物的工艺过程。之所以称为费托合成,是因为这个反应是由德国科学家弗朗兹·费歇尔和汉斯·托罗普施共同发现的,也称为 F - T 合成。

这里的主要催化剂是铁(Fe)、钴(Co)和铁锰(Fe - Mn)合金等与 ZSM - 5 分子筛混合组成的复合催化剂。催化剂切断一氧化碳中的 C—O 键,使得一氧化碳和氢气发生反应,生成烃类物质。

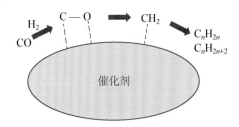

费托合成催化反应过程示意图

费托合成的技术关键之一就是催化剂的选择性,通过催化剂的选择反应调控,提高合成目标烃类(如液体燃料)的收率。另外,还要加入一些助剂和载体,提高催化剂活性组分的分散性和催化剂的抗烧结性。

这种方法比直接液化法多了一步,先转化为气态,再转化为液态燃料。为什么要多此一举呢?这样做有什么好处呢?我们来比较一下。

直接法是通过催化加氢反应,将大分子劈裂成为小分子,要消耗氢气能源。另外,直接液化对煤的质量要求也比较高,比如要求灰分低,可磨性好,氢含量高,硫、氮等杂质少;且直接液化的反应及操作条件苛刻,产出的油品质量不高,在发动机上直接燃用较为困难。

间接液化虽然多了一步,设备投资和运行成本也稍大些,但是它更适用于我国的煤炭资源,操作便利易控,反应条件温和,反应温度均低于350℃,反应压力为2.0~3.0MPa,并且转化率高。还有,生产油品的H/C含量较高,二氧化碳排放量也就少了;硫等杂质含量低,排放污染物少了。另外,这种方法获得的油品具有较高的十六烷值,它是衡量柴油抗爆性能的指标。十六烷值高,柴油抗爆性好。

用这一间接液化法由煤炭制得的柴油,可以与普通柴油以任意比例互溶,混合使用。它几乎与石油制得的普通柴油一样了。

我国长期致力于煤制油技术的研发。2016年12月,神华宁煤集团400万吨/年煤炭间接液化示范项目举行首批产品装车发运仪式。这个项目是目前世界上单套投资规模最大、装置

神华宁煤集团 400 万吨/年煤炭间接液化示范项目
（图片自 https://www.sohu.com/a/231135587_645091）

最大、拥有中国自主知识产权的煤炭间接液化示范项目，标志着我国煤制油项目取得重大阶段性成果，已达到国际领先水平。

5.4　二氧化碳变废为宝

无论是石油还是煤炭，都是化石燃料，燃烧必将排放出二氧化碳（CO_2）。

自工业革命以来，人类向大气中排入的二氧化碳等吸热性强的温室气体逐年增加，大气的温室效应也随之增强，带来了全球气候变暖等一系列严重问题。"碳"就是石油、煤炭等由碳元素构成的自然资源。"碳"耗用得多，导致地球暖化的"元凶"二氧化碳也制造得多。

国际社会已对二氧化碳减排达成共识，包括我国在内的一些主要国家制定了碳达峰和碳中和的目标。

》 碳达峰碳中和

碳达峰：指的是某个地区或行业的年度二氧化碳排放量达到历史最高值，然后经历平台期后进入持续下降的过程。

碳中和：某个地区在一定时间内人为活动直接和间接排放的二氧化碳，能通过植树造林和节能减排等形式抵消掉，整体实现二氧化碳的"零排放"。

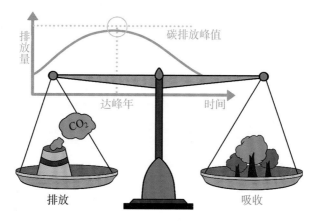

碳达峰和碳中和

实现二氧化碳的减排，工业过程中可采取选择低碳燃料，节能减排等措施。近年来，也开展了对已排放的 CO_2 进行捕集和存储，比如将其深埋海底或地下油田形成稳定的碳酸盐。

那么，能否将二氧化碳资源化再利用呢？利用催化的"点石成金"术，二氧化碳可以变废为宝，直接生成工业燃料或化工基础合成材料。

》 二氧化碳变为液体燃料

按不同的反应产物分类，CO_2 加氢反应有如下几种：CO_2 加氢催化还原生成 CO，CO_2 加氢生成甲烷，CO_2 催化加氢生成多碳的碳氢化合物，以及 CO_2 催化加氢生成碳氧化合物。

CO_2 加氢生成 CO 后，可以通过费托合成反应，生成多碳的碳氢化合物：

$(2n+1)H_2 + nCO \longrightarrow C_nH_{(2n+2)} + nH_2O$，转化为液体燃料。

氢气也是清洁燃料，这样做意义在哪儿呢？太阳能光伏发电和风能发电已实现规模化应用，但是太阳能和风能都是不连续不稳定的，给电网带来管理困难和安全问题。如果用它来电解水制氢，就可以解决这个问题了。另外，二氧化碳和氢气反应生成的液体燃料在储运和利用方面，比氢气更方便。

全球甲醇年产量近亿吨，主要通过一氧化碳加氢反应制得。通过二氧化碳催化加氢，可实现二氧化碳的资源化利用。

甲醇燃料可替代汽油、柴油，作为各种机动车、锅灶炉等燃料和工业品原料使用。

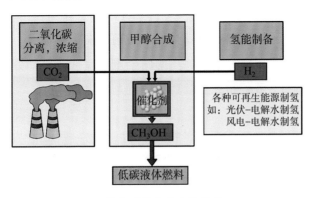

二氧化碳转化为液体燃料

模拟自然光合作用转化二氧化碳

那么,有没有不消耗氢气也能将二氧化碳转化为液体燃料的方法呢?

我们会不由自主地想到自然界中的光合作用,绿色植物利用太阳光将二氧化碳和水转化为有机物并释放氧气。这里,绿色植物好比是一个巨型的能量转换器,在吸收转化二氧化碳的同时,把太阳能转变为化学能,储存在所形成的有机化合物中。有机物中所存储的化学能,除了供植物本身所用之外,还能作为供给人类营养和活动的能量来源。

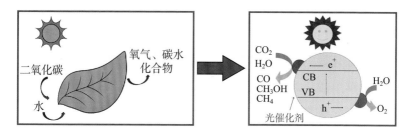

从自然光合作用到人工光合作用

利用光催化反应,是在模拟自然界的光合作用,将二氧化碳和水合成为液体燃料,这也称为"人工光合成"。

人工光合成研究中最关注的两个重要反应是水的分解和二氧化碳还原。我们将在后续章节介绍光催化分解水。

第 **6** 章

"水是未来燃料"

　　法国著名小说家凡尔纳在他的科幻小说《神秘岛》中,将现实与幻想结合,叙述了在美国南北战争时期几个勇士被困在太平洋中的一个荒岛上的感人故事。小说中,谈论到煤炭终将会耗尽时,有这样一段话:"我相信总有一天水可以用来做燃料,将水中的氢和氧单独使用或组合起来使用。这将为光和热提供无限的来源,所供给的光和热是煤炭所无法达到的。所以我相信,一旦煤炭枯竭了,我们将会用水来供热和取暖。水将是未来的煤炭。"这一充满激情的幻想表达了作者深信人类无穷的创造力和科学的巨大力量。

《神秘岛》的故事

那么，150多年前小说家凡尔纳笔下的水作为燃料的幻想将如何实现呢？首先，让我们从50多年前发生在日本东京大学的故事开始讲起吧！

6.1 本多-藤岛效应

20世纪60年代，日本东京大学的一位研究生藤岛昭，从事光电化学课题研究。他尝试了许多材料都进展不顺。因此当听说有家公司研制出了一种新材料——单晶二氧化钛后，藤岛昭上门拜访，得到了这种材料，并将它做成电极，与铂金电极组成了光电化学反应系统。当用紫外光照射二氧化钛电极时，他惊奇地发现：铂金电极和二氧化钛电极表面开始咕嘟咕嘟地冒起了气泡，检测后发现分别是氢气和氧气！可一旦光照停止，气泡也就没了。但如果持续进行光照，气泡就会持续产生，并且发生反应的电极表面仍能保持完好无缺！这是怎么回事呢？

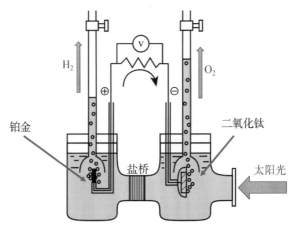

本多-藤岛效应

我们知道通电能分解水，这是 1800 年英国科学家威廉·尼科尔森和安东尼·卡莱尔首次发现的。他们共同成功研制了英国第一个伏打电堆，用银币和锌板组成一个电池组。实验中他们惊奇地发现，当将两根分别连接银币和锌片的导线放在水中时，与锌（负极）连接的金属丝上产生氢气泡，而与银（正极）连接的金属丝上产生氧气。现在，我们对电解水的现象已经耳熟能详了。

那是不是光也能直接分解水产生氢气和氧气呢？藤岛昭大胆地得出这一结论，并用实验给予了充分证明。1972 年藤岛昭和他的导师本多建一共同署名，在国际著名杂志《自然》上发表了研究结果，首次揭示了利用半导体材料进行光电催化分解水制氢的可行性。这一现象后来被称为"本多-藤岛"效应。

今天我们再来看看这个光电极反应，假如将外电路短路，不就可以简化为二氧化钛负载铂金的催化剂了吗？这样，电极反应体系就变成了多相催化中最普通的粉末水溶液悬浮体系了，催化剂的制备更简单了。

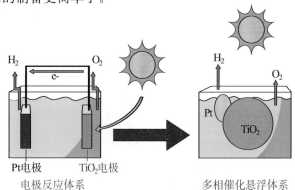

从光电催化到光催化演变示意图

只要有阳光和水，就能源源不断地制备出氢能，这不正是作家在《神秘岛》中所向往描绘的理想能源吗？

当时，正逢第一次世界石油危机，如果能从水中获取氢能，可以减少对石油的依赖。因此"本多-藤岛效应"的发表，在国际学术界掀起了一场被誉为"氢能运动"的光解水和氢能研究浪潮。

其实，任何一个重大的科学发现和技术创新都不是轻而易举取得的。据藤岛昭在题为《光催化创造未来》的科普读物中介绍，他在1967年发现了这个"本多-藤岛效应"，为了确认实验可靠性，久久未能发表论文。直至1969年，藤岛昭用日语写的第一篇论文才在日本国内杂志上发表。然而，由于这一现象颠覆了人们已有的认知，在学会以及博士论文答辩会上，对藤岛昭这一研究成果的批评之声不绝于耳。直至1972年这一成果在国际著名杂志《自然》上发表之后，各种议论才得以"平息"。

可见，科学研究不仅要有严谨的科学态度和孜孜不倦的精神，还需具有批判性思维和超越前人的勇气！

6.2　水是如何变成氢气的？

我们知道，通过高温加热分解水几乎是不可实现的，而电解水生产氢气和氧气是一个众所周知的技术。下面我们一起来看看光解水是如何实现的。

≫ 光解水是"爬坡"反应

光照下分解水的这个反应，与传统热催化反应所不同的是，除了催化剂,还必须要有光,光和催化剂缺一不可。这样的反应,称为光催化反应,这种需要光照才起到催化作用的催化剂,称为光催化剂。

我们知道,氢气和氧气结合生成水的反应在热力学条件下是可自发进行的,将它称为"下坡"反应;反之,水分解为氢气和氧气是一个非自发的反应,也称"爬坡"反应。从传统热催化观点来看,催化剂无法促进这一反应的进行。但是,在光的作用下,通过光催化剂便可以实现,反应发生的同时光的能量转变成了化学能。这种反应也被认为是一种类似自然光合作用的人工光合成过程。光催化分解水也简称为光解水。

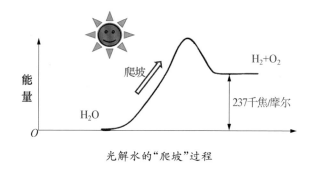

光解水的"爬坡"过程

▶ 半导体光催化剂

那么光催化分解水是如何在二氧化钛上发生的呢?

钛白粉就是我们身边最常见的二氧化钛中的一种,它广泛应用于化工原料、食品添加剂,甚至牙膏、化妆品、防晒霜等日常用品中。不过,不是所有的二氧化钛都可以作为光催化剂的。用于光催化剂的一般是具有锐钛矿或金红石晶体结构的二氧化钛,是一种半导体材料。

钛白粉(TiO_2)

金红石型　　　　　　　　　　锐钛矿型

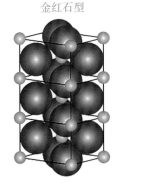 

金红石和锐钛矿的晶体结构

　　半导体材料的半导体特性是由它的能带结构所决定的。简单地说,能带结构主要包含导带、价带和禁带三部分。为了理解能带结构的概念,首先要对原子结构有个简单了解。

　　原子的中心是带正电的原子核,核外有带负电的电子(e^-),

围绕着原子核运动。电子的运动通道通常称为轨道,不同能量的电子绕核运动的轨道半径不同,各轨道中的电子数通常是固定的,最外侧轨道上的电子称为价电子。原子之间连接成的键(结合),就是价电子作用的结果。

在物理学中往往形象化地用一条条水平横线表示电子的各个能量值。能量愈大,线的位置愈高,一定能量范围内的许多能级(彼此相隔很近)形成一条带,称为能带。固体材料的能带结构由多条能带组成,分为传导带(简称导带)和价电带(简称价带),导带和价带间的空隙称为能隙,也称为禁带。材料的导电性由"导带"中含有的电子数量决定。当电子从"价带"获得能量而跳跃至"导带"时,电子就可以在带间任意移动而导电。

固体材料的禁带宽度决定了它的导电性。所谓的导体、半导体和绝缘体的区别,就在于其禁带宽度的不同而已。

绝缘体的能带结构特点在于导带和价带之间的带宽比较大,价带电子难以被激发跃迁到导带,导带中没有电子成为电子空带,而价带成为电子满带,电子在导带和价带中都不能迁移。因此绝缘体不能导电,一般而言当禁带宽度大于9电子伏特时,固体基本不能导电。

金属材料的能带结构是,导带和价带之间发生重叠,此时禁带消失,电子可以无障碍地到达导带,形成导电能力。

在半导体材料中,禁带宽度较小,介于绝缘体和金属材料之间(比如,二氧化钛的禁带宽度为3.2电子伏特),价带电子很容易跃迁到导带上,同时在价带上形成相应的正电性空穴,导带上的电子和价带中的空穴都可以自由运动,形成半导体的导电载流子。

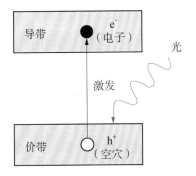

半导体材料受光激发产生自由电子和空穴

》 光解水的"三步骤"

首先,当半导体吸收能量等于或大于禁带宽度的光子后,电子将从价带跃迁到导带,从而在导带上出现自由电子,在价带上形成电子空穴。然后,产生的光生电子-空穴对分离并迁移到半导体表面。

最后一步中,迁移到半导体表面的光生电子和空穴分别与水发生还原和氧化反应,生成氢气和氧气。

可见,光催化反应的总效率受到光吸收效率、光生电子-空穴对分离效率和表面反应效率三者的制约。

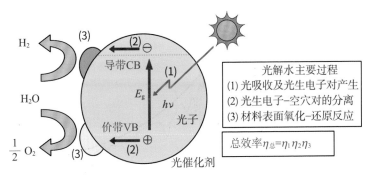

光解水主要过程
(1) 光吸收及光生电子对产生
(2) 光生电子-空穴对的分离
(3) 材料表面氧化-还原反应

总效率 $\eta_{\&} = \eta_1\eta_2\eta_3$

光解水过程示意图

可以作为光催化剂的半导体材料种类很多,有金属氧化物,金属硫(氧)化物,金属氮(氧)化物,以及碳化氮聚合物等。

6.3 利用更多太阳光

太阳,每刻每秒都在进行着2个氢核聚变成1个氦核的热核反应。根据爱因斯坦的质能转换关系式 $E=mc^2$,每秒钟有质量为6亿吨的氢经过热核聚变反应生成5.96亿吨的氦,并释放出相当于400万吨氢的能量。

尽管太阳辐射到地球大气层的能量仅为其总辐射能量的22亿分之一,但已高达173 000太瓦,也就是说太阳每秒钟照射到地球上的能量就相当于500万吨煤。据估算,到达地球表面的太阳能相当于全世界年需要能量总和的近10 000倍。

太阳总能量很大,但具体照射到光催化剂上的光有多少能被吸收,则取决于光催化材料的结构特性。

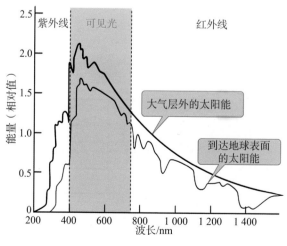

太阳光谱示意图

>> 太阳光利用效率

参照太阳光谱中的能量分布可知,太阳光是由不同波长的光组成的。

那么,光催化剂能吸收多少太阳光呢?只有能量大于半导体禁带宽度的光子才能被吸收,从而将半导体价带上的电子激发到导带上去。因此,根据光量子能量公式:$E = hc/\lambda$[其中 h 为普朗克常数,其值为 $4.135\,667\,696\,9 \times 10^{-15}$ 电子伏特·秒,c 为光速,其值为 $299\,792\,458$ 米/秒,λ 为入射光波长(纳米)]

可得到禁带宽度(E_g)与可吸收光的波长最大值(λ_a)的关系为

$$E_g(电子伏特) = h\nu = hc/\lambda = 1240/\lambda_a(纳米)$$

锐钛矿的禁带宽度为 3.2 电子伏特,计算出波长 λ 小于 387.5 纳米的光才是有效的,这里的 387.5 纳米波长,也称为吸收边。这意味着二氧化钛只能吸收紫外线。要利用更多的太阳光,就必须要缩小带隙,才能拓宽光吸收范围。

>> 能带结构的调变

要获得带隙更窄的光催化剂,有两种途径:

一是寻找新的材料,比如硫化镉(CdS)禁带宽度仅为 2.4 电子伏特左右,可吸收波长为 517 纳米以下的光,可以利用近 50% 的可见光,遗憾的是,这种材料具有光溶性的缺点,在水中光照下不稳定,寿命短。

二是将宽带隙光催化剂通过某种方法调变为窄带隙光催化剂。

　　调变带隙方法很多,其中半导体掺杂就是常见的一种方法。二氧化钛中的价带是由 O_{2p} 轨道构成的,如果通过氨气或尿素等与二氧化钛反应,二氧化钛中的部分氧原子就会被氮原子取代,N_{2p} 轨道参与价带的构成,就会提高原来的价带位置,禁带宽度也就变窄了。

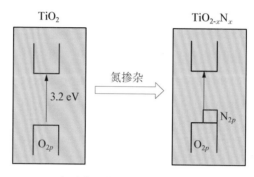

氮掺杂二氧化钛的能带变化

　　那么,禁带宽度是否越窄越好呢? 其实不然。水分解成氧气和氢气,电化学上还需满足水的氧化电位和质子还原电位的要求,价带顶电位要比水的氧化电位(O_2/H_2O 电位)更高,即位于它的下方;导带底电位要比质子还原所需的电位(H^+/H_2 电位)更低,即位于它的上方(见下页图)。这个理论最小值为 1.23 电子伏特,也就是说,半导体的禁带宽度必须要大于 1.23 电子伏特,并且价带和导带的电位还要符合要求。

　　打个比喻,你要跨过一条水沟,不仅要求你的跳远距离要大于水沟宽度,还得踩准位置,否则还是会掉到水里。

　　这样一来,即便有一些光催化剂吸光性能很好,如 Fe_2O_3、WO_3 等,也不能用于光催化分解水产氢了。

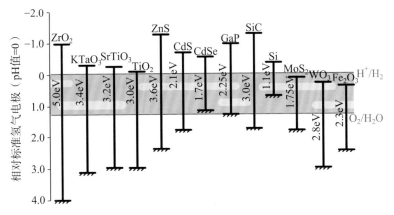

常见的半导体能带结构与水分解电位的对应关系

6.4 多种方法提高产氢效率

　　光解水的第二步,是光生电荷从内部迁移到表面。由于光激发产生的光生电荷寿命很短(纳秒或皮秒级的),如果光生电荷不能及时分离并迁移到表面,电子和空穴就可能复合,因此会降低光催化效率。电荷分离效率与光催化剂的晶体结构、缺陷以及颗粒大小等因素有关。

》 促进电荷分离

　　硅太阳能电池效率为什么这么高? 我们知道,一些工业过程中有单向阀,能让水只沿一个方向流动。通过半导体掺杂形成的 PN 结[①],在 P 型半导体区和 N 型半导体区的交界处就出现

---

① 在一块完整的硅片上,用不同的掺杂工艺使其一边形成以自由电子为多数载流子的 N 型半导体,另一边形成以电子空穴为多数载流子的 P 型半导体,我们称两种半导体的交界面附近的区域为 PN 结。

了电子和空穴的浓度差,形成了一个内建电场,因而电子和空穴各自往不同方向迁移,好比起到了类似工业单向阀的作用,从而实现高效的光电转换。

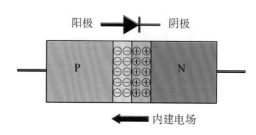

硅太阳能电池中的电子定向迁移原理图

　　借鉴这一思路,研究者通过在光催化中构建异质结或异相结,加强光生电子-空穴的分离。同一种半导体中含有不同晶体结构,就能起到构建异相结的效果,如:同时包含锐钛矿和金红石的二氧化钛光催化剂,就构成了异相结;或由两种完全不同的半导体材料组成,如:CdS/TiO₂,则称为异质结。

　　由于异质结或异相结中两者光催化剂的价带和导带位置不一样,电子将从低能级的导带向高能级的导带迁移(即:自上而

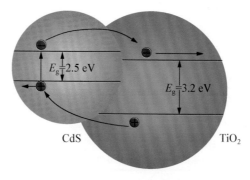

CdS - TiO₂ 异质结

下迁移),空穴将从高能级的价带向低能级的价带迁移(即:自下而上迁移),两者实现了有效分离,最后电子和空穴分别在不同的催化剂表面发生还原和氧化反应,从而提高了光催化效率。

》》 助催化剂与共催化剂

光解水的第三步是表面反应。经过光激发产生的电子-空穴对迁移到表面,要使水发生还原和氧化反应,需要具备活性位点等反应条件。比如,二氧化钛能吸收光并在表面产生光生电荷,但是它自身难以实现光催化产氢反应,一旦负载铂,就可实现催化产氢了。

因此,通常说的光催化剂,往往同时包含具有吸光功能的材料和负载在其表面的助催化剂,或称为共催化剂。为什么又叫共催化剂呢?这也是光催化与传统热催化的不同之处。热催化中的助催化剂往往本身不具有催化活性,只是改善催化性能,从而提高反应活性和选择性。但是,光催化中的助催化剂提供了活性位点和反应场所。如对于 Pt/TiO_2 光催化材料体系,二氧化钛吸收光,铂作为助催化剂起到质子还原和氢分子形成的催化作用,从而实现了光催化产氢反应。

为了提高光催化分解水反应速率,可采用双助催化剂,也就是同时负载还原反应助催化剂和氧化反应助催化剂,好比前后四轮驱动的越野车,就更有劲了。

》》 牺牲剂的妙用

水分解的总反应式如下:

$$2H_2O \longrightarrow 2H_2 + O_2$$

其中,产氢端的反应和产氧端的反应如下:

$$氢气生成反应:4e^- + 4H^+ \longrightarrow 2H_2$$

$$氧气生成反应:2H_2O \longrightarrow O_2 + 4e^- + 4H^+$$

或写为

$$氧气生成反应:2H_2O + 4h^+ \longrightarrow O_2 + 4H^+$$

可见,一个氢分子的产生需要 2 个电子参与,但是一个氧分子的产生则需要 4 个电子参与,显然,水氧化释放氧气成为光解水反应速率的控制步骤。

为了解决产氧端反应的速率限制,可以采用一些能提供电子的物质来消耗空穴。这一物质充当了还原剂的作用,它被氧化为另一种物质,因此也称为牺牲剂。利用添加牺牲剂的方法,使这个反应只产氢不产氧,反应变得更加容易进行。这种反应也称为光解水制氢半反应。

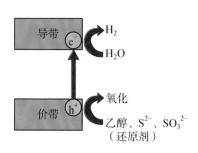

光解水制氢的半反应

这样,产氢反应速率就不受到产氧速率的控制,整体反应速率得以加快。常用的牺牲剂有甲醇、乳酸等有机溶剂,以及硫化钠、亚硫酸钠等无机溶液。

这样做会增加产氢成本。但如果有这样一种牺牲剂,反应后被转化为具有更高附加值的物质,那是很有意义的。

一些研究者正在研究利用含有机物以及抗生素等污染物的废水，进行光解水制氢。这样，水中的污染物可以作为牺牲剂被氧化去除的同时实现光解水产氢，水体净化与氢能制取一箭双雕。

光解水制氢与废水净化协同进行

>> 道法自然的"Z型反应"

与生命起源有着深厚联系的光合作用，主要是靠叶绿素吸收太阳光，将光能转化为化学能，从而产生氧气。这个系统拥有两个光化学反应中心，即光合系统Ⅰ和光合系统Ⅱ，如图所示，这种反应形式可被描述为"Z型反应"。

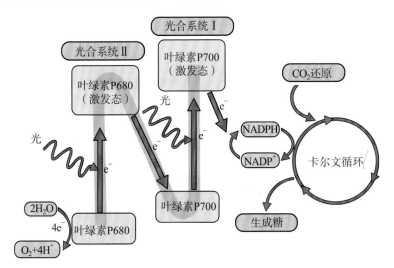

自然光合作用的"Z型反应"

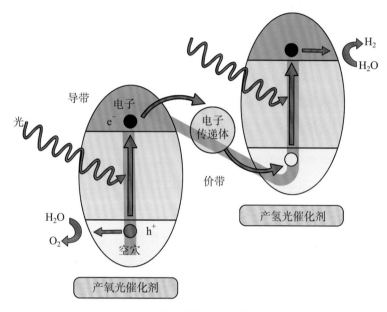

光解水的"Z型反应"

借鉴这一思路,研究者提出并开发了类似自然光合系统的 Z 型反应体系。

在这个体系中,产氧半反应和产氢半反应分别在不同的两种光催化剂上进行。这样,最大的优势就是:用于产氧半反应的光催化剂只需要价带满足产氧电位即可;用于产氢半反应的光催化剂只需要导带满足产氢电位即可。光催化剂的禁带宽度可以更窄了,可吸收更多太阳光。同时,因为氢气和氧气在不同光催化剂上产生,不仅有利于光生电荷分离,生成的氢气和氧气也相隔远了,降低了发生逆反应(即:氢气和氧气反应再生成水)的可能。

当然,要使得这个系统运行,还需要一个"搬运工",将产氧光催化剂导带上的电子传送到产氢光催化剂的价带上去。

更"省力"和有效的方法是，在两种催化剂之间用一个电子传输体连接，好比架起一座"高架桥"，能让光激发的自由电子从一边的导带上快速传输到另一边的价带上。具有代表性的有用纳米金（Au）作为电子传输体的催化剂体系（$BiVO_4/Au/SrTiO_3$），以及用氧化石墨烯（RGO）作为电子传输体的催化剂体系（$TiO_2/RGO/CuLi_{1/3}Ti_{2/3}O_2$）等。

6.5 阳光下的"水变氢" ❧

目前光解水制氢仍处在研究阶段，以上介绍的也都是实验室的研究成果。作为潜在的太阳能制氢应用技术研发，它正在从实验室的模拟灯下走向户外。

≫ "水变氢"从实验室走向户外

实验中多用悬浮式水溶液反应体系，即将光催化剂粉体分散在水中，在模拟太阳光的氙灯照射下，能看到光解水产生的大量气泡。

为了有更好的感官效果，我们将光催化剂负载在多孔滤膜上，光照射下产生氢气，气泡产生的浮力使得滤膜翩翩起舞，也进一步加快了氢气泡的释放。

光照下产生大量可见的氢气泡

　　近年来,国内外研究机构在户外光解水制氢反应装置方面的研究取得了可喜进展。西安交通大学多相流国家重点实验室开发了聚光型反应器,主要结构采用管式流动型反应装置,使得纳米光催化剂稳定悬浮在水溶液中,同时利用聚光镜将太阳光聚集到管式反应器,增加了辐照强度,从而提高了产氢效率。

聚光型光解水制氢反应系统
(来源:Energy 2019 年,172 卷,第 1082 页)

　　日本东京大学堂免一成教授课题组用改良的掺铝钛酸锶($SrTiO_3$:Al)颗粒作为光催化剂,搭建了 100 平方米的面板式光解水制氢反应系统。研究表明,在规模化分解纯水系统中,对同时释放的氢气和氧气进行分离收集是可行的,整个系统长期运行也是安全的。相关成果于 2021 年发表在国际著名期刊《自然》杂志上。

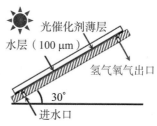

光催化剂薄层
水层(100 μm)
氢气氧气出口
30°
进水口

面板式光解水制氢反应系统
(来源:Nature 2021 年,598 卷,第 305 页)

>> 从"水变氢"到"液态阳光"

目前,太阳能光伏发电已实现规模化工业应用。然而,太阳能的随机性、间歇性、周期性会使光伏电站发电对电网产生较大冲击,并且将光伏产生的直流电整流变换为交流电需要复杂的电路电子系统,这进一步增加了太阳能的使用成本。利用电解水制氢是将光伏电转化为可存储的清洁化学能的最佳途径之一。

便携式太阳能制氢-储氢独立供能系统主要由太阳能光伏电池组件、功率适配器、电解水槽、氢气提纯装置、储氢罐等部分组成。工作时,光伏电池组件将太阳辐射能直接转化为电能,再由功率适配器输出最佳的电压供给电解水槽,阴极上电子在铂金催化下可将水高效地还原为氢气,生成的氢气经干燥提纯后,进入储氢罐与储氢合金生成氢化物而储存下来。

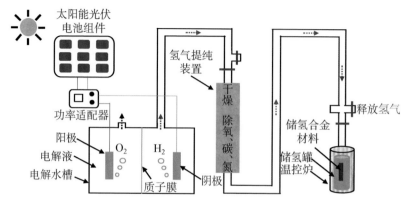

便携式光伏-电解水制氢装置

太阳能光伏发电已实现规模化工业应用,电解水应用技术也相对成熟。因此,在当前和未来一段时期,将两者串联而成的光伏-电解水制氢有望成为代替化石能源制氢最具优势的途径之一。

2020年10月,中科院大连化物所在兰州新区完成了"液态太阳燃料"合成示范项目的建设。项目由太阳能光伏发电、电解水制氢、二氧化碳加氢合成甲醇三个基本单元构成,也就是利用太阳能产生的电力,在催化剂的作用下,先后完成电解水制氢、二氧化碳加氢,最终生产出被称为"液态阳光"的清洁燃料甲醇。这个项目的单套电解槽的产氢量达到1000标方氢气/小时及以上,能实现千吨级/年甲醇的合成。

由太阳能转化而来的液态燃料就好比把太阳能装进瓶子里,携带便利,随时取用,"液态阳光"因此而得名。

我国正在新疆库车建设一个全球最大的太阳能产氢基地。整个光伏项目占地达到9500多亩,相当于900多个足球场的大

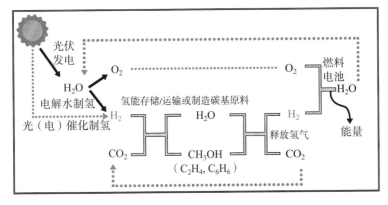

"液态太阳能燃料"合成工艺图

小。制氢规模达到每年 2 万吨，相当于年产 $8×10^7$ 升汽油，同时减少 18 万吨的二氧化碳排放。

　　光伏-电解水制氢正在迈入工业化阶段。相比之下，当前光催化分解水制氢的能量转换效率较低，但因光解水制氢是一步转化，粉末水相体系简单，成本较低，容易规模化，开发高效光催化剂和光解水制氢系统值得期待和努力。

第 **7** 章

应用广泛的光催化

阳光是生命之源。她孕育着地球上的万物,给世界带来光明和温暖。因为有了光,植物才有了光合作用,人类和动物才能生生不息;因为有了光,我们才能看世间五彩斑斓的景色和绚丽璀璨的夜空。

在催化领域,"光"的神奇造就出了魅力无比的催化界新秀——"光催化"。

从前面的介绍,我们已经了解了光催化现象的发现以及在光催化分解水和二氧化碳转化中的应用。光催化的应用远不止这些,它正在为与我们息息相关的生活发挥作用。

7.1 光催化净化空气

空气质量与我们的健康息息相关。若空气是纯净和新鲜的,吸气会带给身体生命活力;若空气是污浊的,吸气会损坏身体甚至导致死亡。净化空气有多种技术,比如:利用活性炭等的吸附技术、通过加热的热催化技术、利用物理场的等离子体技术和高压静电技术等。这里要介绍的是,只要有光就可以持续不断发挥净化作用的光催化技术。

≫ 为什么能净化空气

前一章介绍了光催化在光解水制氢中的应用。当半导体光催化剂受到光照射后,将发生电子从价带跃迁到导带,在导带上生成自由电子,在价带上生成电子空穴,从而使水发生还原与氧化反应,生成氢气和氧气。

如果光催化剂不在水中,而在空气中,又会发生怎样的反应呢?

在这里,光催化剂能吸附空气中的水分和氧气。吸附水被价带上的电子空穴氧化,生成氧化能力很强的羟自由基(·OH),它能将催化剂表面吸附的挥发性有机物和微生物等氧化分解或杀灭。

那么,导带上的自由电子做了什么呢?在水中它能还原水产氢。在空气中,催化剂表面的吸附氧更容易发生还原反应,生成超氧负离子自由基(·O$_2^-$),它同样具有很强的氧化能力。所以,空气中的光催化剂被认为具有广谱性的分解有害有机物和杀菌能力。

这些活性自由基的寿命很短,一旦离开催化剂表面,就立刻无影无踪了,所以不用担心会对人体造成危害。

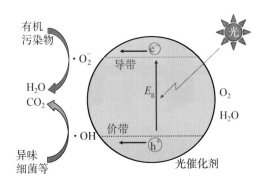

光催化剂净化空气机理

≫ 光催化空气净化器

在空气净化器中,用二氧化钛作为光催化剂比较普遍,因为它无毒、稳定、安全。由于它只能吸收紫外线,所以要有紫外灯。

相对工业排放等,室内空气中的污染物浓度非常低,有利于光催化实现高效净化,特别是长寿命高效率的 LED 灯的普及应用,给光催化技术应用带来了生机。

光催化模块前面要有颗粒过滤器(HEPA),既是为了净化空气中的颗粒物,也为了避免光催化剂被尘埃覆盖导致光催化效果下降。

光催化是发生在光照下的催化反应,要实现高效的净化效果,既要使光催化剂有充足光照,又要有利于有害气体的吸附和催化反应。光源与光催化剂的匹配,载体及其负载方法,以及空气净化器的结构设计等,对净化器的性能影响很大。

空气净化光催化反应器的结构多种多样,通常采用并列层式,负载有光催化剂的组件位于光源的前后两侧,这样可以保障光得到有效利用。

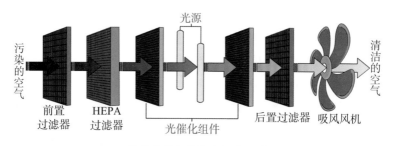

并列层式光催化空气净化器

为了减少风的阻力,增加光催化反应面积,可以借鉴柴油机尾气净化器的结构,设计壁流式光催化空气净化器,基材可以用多孔陶瓷或泡沫金属网等。

金属泡沫基材的优点在于可折叠,容易适应各种形状和场景使用。它的缺点是比表面积小,光催化剂难以负载,一般解决办法是利用溶胶-凝胶法等预先负载一层氧化物中间层后，再负载光催化剂。

利用透明多孔颗粒负载光催化剂，可增加光的穿透力，提高光催化效果。

净化单元由光催化网和位于中间的紫外灯管或 LED 灯组成。网管内的一端密封，使得空气由轴向进入光催化网，再沿径向从网孔流出。这种结构可使光的利用率高，受光均匀，而且气体与净化模块接触面大，污染物在反应器中滞留时间长，能增强净化效果。

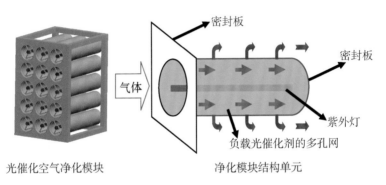

光催化空气净化模块　　　　　净化模块结构单元

壁流式光催化空气净化器

泡沫金属光催化网

透明多孔光催化颗粒

>> 车内空气净化

现在,汽车已经成为重要的交通工具,是人们常用的移动式室内空间。使用时我们也会困扰于车厢内的异味和其他污染。车内污染的主要来源如下:

(1)汽车中的车配件和内饰、座椅、地垫、油毡、遮阳板等释放的污染常含有甲醛、苯系物以及多环芳烃等致癌物质。购买的新车,要特别注意这类污染物的存在及浓度。

(2)汽车行驶中排放的污染物会通过密封不良的区域进入车辆,对人体造成各种危害。

(3)来自车外环境的污染。在行驶状态下,即使不打开车窗和空调通风,车内车外的空气依然会流通,公路上汽车排放的有害气体也会进入车内,导致车内空气污染。

(4)乘客自身气味,及抽烟等不良习惯造成的污染。

根据车内污染特征,配备一个同时具有净化颗粒物和有害气体作用的空气净化器,及时过滤 PM$_{2.5}$,净化甲醛等有机挥发性气体,去除各种异味,保持车内的舒适环境。

车内有 12 V 外接电源,可为车内空气净化器的风机和光源提供电源,给净化器的设计和使用带来便利。

车载式光催化空气净化器

▶▶ 净化城市空气

城市人口众多,车流量多,建筑物拥挤,通风不畅,容易造成空气污染。在车流密集的道路两侧的隔音墙或建筑物表面负载光催化剂,在强大的自然光作用下,大气中的氮氧化物(NO)和二氧化硫(SO_2)能被光催化氧化为二氧化氮和三氧化硫,继而与空气中水汽结合成硝酸和硫酸,甚至与墙或地砖等建筑材料发生作用,以硝酸钙和硫酸钙等形式存储。当遇上雨天,就会被雨水冲洗干净,起到净化大气和减少雾霾的作用。

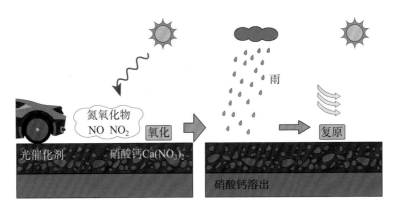

城市空气净化

▶▶ 保护馆藏文物

文物是历史、文化和科学发展的见证物。由于文物自身材料的缺陷和埋藏的影响,容易遭受自然腐蚀和损坏。在馆藏环境的温度、湿度、光辐射、气体污染物、霉菌、有害微生物、有害昆虫等因素中,对文物最具破坏性的是气体污染物和霉菌。因此,必须通过文物预防性保护，控制文物保存环境来达到延长文物寿命的目的。

利用光催化能净化藏馆内的氮氧化物和有机挥发性气体等，同时及时有效地对萌发的霉菌孢子进行杀灭或抑制其生长。

安装在上海博物馆青铜珍品库的光催化空气净化器

7.2 光催化净化水

最近正在热播的电视剧《幸福到万家》里，有个重要的剧情：位于万家庄下游的水尾村近两年来不断有孩子生病。检测结果显示孩子血铅超标，是饮用地下水的水源被污染导致的水污染事故。

≫ 水体污染的来源

水污染的发生都是由于各种污染源排出的污染物进入水体所致。主要有如下途径：

（1）工业生产排放的废水。工业生产过程中产生的废水和废液，其中含有随水流失的工业生产原料、中间产物、副产品以及生产过程中产生的污染物。将工业废水按其中所含主要污染物的化学性质分类，含无机污染物为主的为无机废水，含有机污染染物为主的为有机废水。

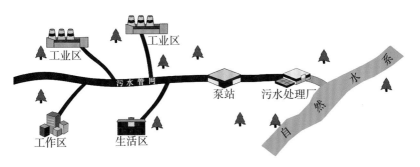

各种污水要经净化处理才可排入河流

（2）城市生活污水。城市下水管道系统中的各种生活污水、工业废水和城市降雨径流的混合水，由城市排水管网汇集并输送到污水处理厂进行处理。

（3）农业污水。农作物栽培、牲畜饲养、农产品加工等过程中排出的、影响人体健康和环境质量的污水或液态物质统称为农业污水。其来源主要有农田径流、饲养场污水、农产品加工污水。污水中含有的各种病原体、悬浮物、化肥、农药、不溶解固体物和盐分等被雨水冲刷随地表径流进入水体。

水是生命之源，我们每天离不开水。水的质量如何，直接影响到健康。目前污水处理和水质净化技术主要有物理法、化学法、生物法等。

》 光催化污水治理

同光催化空气净化类似,在水体中的光催化剂受到光照激发产生自由电子(e^-)和电子空穴(h^+),继而产生氧化能力极强的羟自由基($\cdot OH$)、超氧负离子($\cdot O_2^-$)自由基等,这些自由基能氧化破坏有机分子结构,将大分子分解为小分子,最后成为无污染的二氧化碳和水。

$$\boxed{\text{难降解有机污染物}} \xrightarrow[\text{光催化剂}]{\text{光}} \boxed{CO_2 + H_2O + \text{简单无机物}}$$

可净化处理的污水包括如下几种。

染料废水:这类废水色度高、浓度高、毒性大、难降解,且大多含有具有苯环、胺基、偶氮基团等结构的致癌物质。

化工废水:这类废水有极高的化学需氧量,盐度高,对微生物有毒性,是目前水处理技术方面的研究重点。

农药废水:这类废水中主要含有杀虫剂和除草剂,危害范围广,在大气、土壤和水体停留时间长,对动、植物有极大危害。

含油废水:石油类物质被废弃到地面、江湖和海洋之中,对水体及水域环境造成严重污染。

以上大多属于有机废水类,可通过光催化氧化分解作用来实现水质净化。

那么,前面提到电视剧《幸福到万家》中的铅中毒,如何用光催化净化?饮用水中若含有铅(Pb)、铬(Cr)等重金属离子,对健康危害很大。铬是严重的致癌物质,能引起局部肉瘤,使癌症发病率升高;铅易使人中毒,引起呼吸系统病变。这类重金属离子的毒性往往与其化学价态有关,价态不同毒性也不一样。单质铬(零价)无毒,三价铬低毒,六价铬有毒且致癌;四价铅的毒性较二价铅大。利用光催化产生的自由电子还原能力,可将高价态的重金属离子还原为低价态离子,便可达到降低毒性的目的。如果能结合吸附材料,就可完全去除水体中的重金属离子。

光催化净化水原理示意图

➠ 改善饮用水源地水质

水是生命存在的基本条件,也是生命结构的基本成分。我们人体每日需补充2 000～2 500毫升水。饮用水的水质好坏与人体的健康密切相关,而饮用水水源地的水质直接影响每家每户饮用水质量。

饮用水水源保护区分为地表水饮用水源保护区和地下水饮用水源保护区。地表水饮用水源保护区包括一定面积的水域和陆域。地下水饮用水源保护区指地下水饮用水源地的地表区域。无论是地下水源还是地表水源,不可避免地存在着不同程度的微生物污染、重金属污染、有机物污染等方面的问题。

我们已经知道有机污染物和重金属污染的危害,饮用水微生物污染也必须得到高度重视,它会导致大面积的传染性疾病的流行。光催化可以攻击细菌和外层细胞,穿透细胞膜,破坏细菌的细胞膜结构。

光催化净化水,不但要求光催化剂有较高的催化性能,而且纳米颗粒光催化剂在载体上的牢固负载特别重要,否则,不仅光催化剂性能会逐渐下降,而且纳米催化剂本身还会给水质带来污染。

在上海青草沙水源地光催化净化试验场中,利用生活饮用水水源的宽广水面,借助太阳光无穷无尽的能量,光催化剂不知疲倦、持之以恒地消除水中污染,改善水的质量,守护我们的健康。

上海青草沙水源地光催化净化试验场

7.3 光催化防雾和自清洁

在日常生活中,我们常常会遇到因起雾带来的困扰甚至危险。比如:刚洗完澡,想在镜子前面梳理一下,镜子却因起雾什么也看不见;下雨或雾天开车,后视镜也变得模糊不清,给驾驶带来很大的安全隐患。镜面为什么会出现这样的现象呢?先得从固体表面的亲水性和憎水性说起。

>> 何谓憎水性和亲水性

当一些材料与水接触时可以发现,有些材料能被水润湿,有些材料则不能被水润湿,我们可以说,前者具有亲水性,后者具有憎水性。

材料被水湿润的情况可用润湿边角 θ 表示。当材料与水接触时,在材料、水以及空气三相的交点处,作沿水滴表面的切线,此切线与材料和水接触面的夹角 θ 称为润湿边角,θ 愈小,表明材料愈易被水润湿。

当 $\theta \leqslant 90°$ 时,材料表面吸附水,材料能被水润湿而表现出亲水性,这种材料称为亲水性材料,其中当 $\theta < 10°$ 时,称为超亲水。

当 $\theta > 90°$ 时,材料表面不吸附水,这种材料称为憎水性材料,其中,当 $\theta > 150°$ 时,称为超憎水(也称为超疏水)。

大家或许见过雨后池塘和湖沼里浮在水面上的荷叶,仔细观察就会发现,荷叶上的水滴像珍珠似的滚落下来。这一"荷叶效应"其实是一种超憎水的表现。利用这一原理制成雨衣,就能起到防雨的作用。如果镜子表面也有这样的超憎水性能,镜子也就不会起雾了。相反,如果镜面是超亲水的,也同样不会形成水滴,不会起雾。

但是,现实当中的一些材料与水的接触角都介于亲水和憎水之间。水和树脂的接触角是 $70° \sim 90°$,水和玻璃等无机材料只有 $20° \sim 30°$。所以,水滴在玻璃表面,既形成不了球形水滴滚落下来,也不能在玻璃表面摊平形成水膜,因此镜面变得模糊不清。

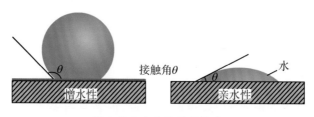

憎水性和亲水性的接触角

》 不起雾的镜子

对二氧化钛（TiO_2）的结构进行适当修饰后的薄膜表面经光照处理以后，它与水的接触角由原来的数十度，最后几乎变成了零度。将这一薄膜涂覆在镜子表面，就无法形成水滴，也就不起雾了。

那么，为什么光照会导致二氧化钛表面由非亲水性变为超亲水性呢？

研究表明，在光照条件下，二氧化钛表面的超亲水性起因于其表面结构的变化：当二氧化钛受到光照，激发产生的自由电子和电子空穴迁移到表面，电子空穴通常被吸附在二氧化钛表面的 OH^- 基团或 H_2O 分子俘获，生成具有强氧化性的羟自由基（·OH）。表面的 ·OH 具有强的极性，对弱极性的水分子具有极强的吸附作用。因此使得光照下的二氧化钛表面具有超亲水性。

利用光催化的这一超亲水特性，我们就可以制造不起雾的镜子，如下雨天仍能看清楚的汽车后视镜和道路弯道反光镜，光催化在交通安全方面也发挥了重要作用。

对安全驾驶很重要的后视镜和弯道反光镜

利用光催化具有超亲水性等特点,可考虑在海洋船舶表面涂覆含纳米 TiO_2 的船舶漆,减少其航行阻力;在无纺布中掺入少量纳米 TiO_2 制成的游泳衣,可减少摩擦阻力;利用特种 TiO_2 表面亲水涂料,涂于热交换器的辐射翼片上,可以防止用于热交换介质的流体通道发生冷凝物堵塞,从而提高热交换效率。

医疗器械的内窥镜可以经人体的天然孔道,或者是经术后小切口进入人体内,医生通过另一根管道或一个摄像机来进行观察,给手术带来极大的方便。内窥镜从体外插入体内后,由于体内外温度差异,易发生起雾现象。利用光催化超亲水性就可解决这一难题。

》 自清洁的建筑物

建筑物的外墙大多较脏,与汽车排放的尾气中含有油分密切相关。如果在墙体表面进行超亲水性光催化涂覆处理,即使有污渍沾上去了,只要下雨,就能被雨水自然地冲刷干净,保持清洁的状态。

自清洁效应是材料光催化特性和超亲水性共同作用的结果。在阳光照耀下，光催化可以降解有机物，将细微污垢分解为二氧化碳和水；而薄膜表面的超亲水性使附着在其表面的水形成水膜，并渗入污垢与光催化膜间的界面，使污垢的附着力大幅降低。在受到雨水冲刷和水淋冲力等作用时，污垢能自动从膜表面剥离下来，跟着浮起的水膜，一起被雨水冲刷干净，从而达到自清洁的效果。

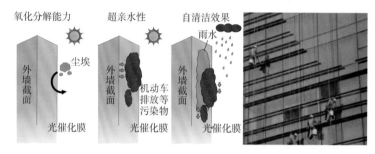

有了自清洁外墙，就可以减少危险的空中作业了

　　利用太阳和降雨等大自然的力量，使得墙体表面始终保持着自身清洁状态——这也被称为"光催化自清洁"。这一技术用于高层建筑物，不仅可以自清洁，而且可以减少高空作业带来的风险。

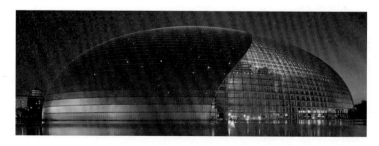

国家大剧院使用自清洁玻璃屋顶
（来源：国家大剧院网站 https://m.chncpa.org/）

自清洁功能除了用于建筑物外,还有很多场合可以应用,比如:路灯照明器玻璃涂覆自清洁膜,灯光可一直保持明亮;衣物若具有自清洁功能,也就不容易弄脏了。

7.4 助力环境安全与健康

光催化产生具有强氧化能力的羟自由基($\cdot$OH)以及光催化的特殊作用机制,在杀菌消毒保障环境安全以及癌症治疗等卫生健康领域也显现出应用前景。

》 杀菌消毒

居家和公共场所室内环境,除了前面介绍的空气污染问题,还可能发生微生物污染。影响人们健康的一些病原体,除了通过空气传播外,接触传播也是一个重要途径。

将光催化剂涂覆于墙体表面以及门拉手等经常接触到的物体表面,可起到杀菌消毒作用。尽管室内光强较弱,但只要有光,它就无休止地工作。光催化产生的羟自由基($\cdot$OH)具有极强的氧化能力,并且能够穿透细胞膜破坏细胞膜结构,阻止成膜物质的传输,阻断其呼吸系统和电子传输系统,在室温条件下即可将室内空气中的病毒、细菌等微生物灭活,甚至让细胞完全矿化。

室内的墙地砖,卫生洁具等陶瓷表面涂覆光催化薄膜,或在内墙涂料中添加光催化纳米粒子,将其应用于医院等公共场所,以及养老院等特殊场所,起到杀菌除污的效果。尽管室内光强有限,但只要有光,光催化剂就无时不在工作。近年来,一些能

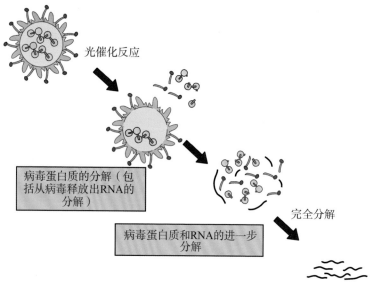

光催化反应

病毒蛋白质的分解（包括从病毒释放出RNA的分解）

病毒蛋白质和RNA的进一步分解

完全分解

光催化灭活病毒的过程

响应可见光的光催化剂的成功开发,有效地提高了室内光催化效果。

医疗中使用的导管和软管类,使用时直接插入患者体内,很难避免细菌的污染,通常的应对做法是投入抗生素药物或频繁更换导管。这不但增加了患者的肉体痛苦,而且加重了经济负担。涂覆光催化膜的导管,可使导管本身具有自清洁、杀菌消毒功能。

>> 衣物除臭

如果将光催化膜涂覆在衣物的纤维表面,可以分解汗渍和散发气味的物质,起到杀菌和消毒的效果。但在纤维上直接固定光催化剂,光催化剂的超强氧化分解能力会不会也分解纤维自身,使得纤维氧化断裂呢?为解决这一难题,可以借鉴网纹瓜的结构,在二氧化钛纳米颗粒的周围包覆一层没有光催化活性的二氧化硅等多孔膜。这些纳米颗粒被牢固地固定在纤维表层,同时光催化剂又不直接接触纤维,既防止因光催化反应使纤维发生氧化,又发挥了光催化功能。

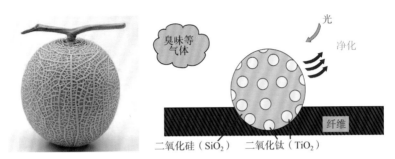

借鉴网纹瓜在纤维上负载光催化剂

>> 杀死肿瘤细胞

研究表明,光催化能杀死细菌和病毒,将细菌和病毒的尸骸分解。现已确认光催化对癌细胞也有同样的作用。

藤岛昭教授团队研究结果显示,通过有选择地局部或局域注射二氧化钛纳米颗粒到肿瘤内,随后用光导纤维传导紫外光集中照射肿瘤组织体,光激发二氧化钛颗粒表面生成高活性物质($\cdot OH$ 和 H_2O_2 等)直接渗透进入肿瘤组织体,杀死其中的恶性细胞。

如下图,小白鼠身上有两个肿瘤,对其中一个注入二氧化钛光催化剂,同时用紫外光照射 1 小时,另一个不注入二氧化钛,只用紫外光照。经过四周后发现,用了光催化剂的肿瘤得到抑制,而没有用光催化剂的肿瘤明显变大。

1. 注入二氧化钛，紫外光照射
2. 未注入二氧化钛，紫外光照射

光催化能抑制肿瘤

这一结果展现了光催化技术在医疗领域的应用具有诱人的前景。可以期待，未来光催化技术将在保障环境安全和身体健康方面起到重要作用。

》 光催化应用前景可期

自 1972 年"本多-藤岛效应"在《自然》杂志发表以来，在这

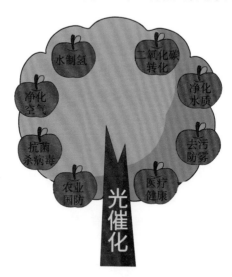

光催化技术应用前景

半个世纪中光催化研究热度不减，正是因为它能利用经久不息的太阳光，可为人类带来在能源、环境、民生与健康，以及农业和国防等诸方面的革命性变化。科学技术工作者的不懈努力，使光催化技术取得了长足发展，在空气净化、污水处理、抗菌除臭、自清洁等方面已得到应用，在太阳能制氢、二氧化碳转化和利用、民生健康等方面也显现出应用潜力。

参考文献

［1］辛勤，徐杰. 催化史料［M］. 北京：科学出版社，2017.

［2］贺泓，李俊华，何洪，等. 环境催化：原理及应用［M］. 北京：科学出版社，2021.

［3］李灿. 太阳能转化科学与技术［M］. 北京：科学出版社，2020.

［4］藤岛昭. 光催化大全［M］. 上官文峰，译. 北京：化学工业出版社，2019.

［5］上官文峰，江治，屠恒勇，等. 能源材料：原理与应用［M］. 上海：上海交通大学出版社，2017.

［6］Fujishima A， Hashimoto K， Watanabe T. TiO_2 photocatalysis fundamentals and appplications ［M］. Tokyo：BKC，Inc. ，1999.

［7］斋藤胜裕. 漫画元素 118［M］. 上官文峰，译. 上海：上海交通大学出版社，2015.

［8］阳朔. 弗里茨·哈伯：养活了二十亿人的"化学战之父". ［EB/OL］知识分子，（2021－9－3）https：//zhuanlan. zhihu. com/p/407099872.

［9］唐新硕，王新平. 催化科学发展及其理论［M］. 杭州：浙江大学出版社，2012.

［10］路甬祥. 走进殿堂的中国古代科技史［M］. 上海：上海交通大学出版社，2009.